Dagmar Neuberger

Social Bookmarking

Dagmar Neuberger

Social Bookmarking

Entwicklungen, Geschäftsmodelle und Einsatzmöglichkeiten

VDM Verlag Dr. Müller

Bibliografische Information der Deutschen Nationalbibliothek:
Die Deutsche Nationalbibliothek verzeichnet diese Publikation in der Deutschen Nationalbibliografie; detaillierte bibliografische Daten sind im Internet über http://dnb.d-nb.de abrufbar.

Kontakt: VDM Verlag Dr. Müller e.K., Dudweiler Landstr. 125 a,
D-66123 Saarbrücken, Telefon +49 681/9100-698, Telefax +49 681/9100-988
Email: info@vdm-verlag.de
Coverbild: copyright www.purestockx.com
Covererstellung: Renato Babac

Herstellung:
Schaltungsdienst Lange o.H.G., Zehrensdorfer Str. 11, D-12277 Berlin
Books on Demand GmbH, Gutenbergring 53, D-22848 Norderstedt

ISBN: 978-3-8364-2052-5

Widmung

Für meine Familie und Freunde,
die mich - jeder auf seine spezielle Art -
während des Studiums und des Schreibens
immer unterstützt und liebvoll begleitet haben.

Kurzreferat

Das Internet hat eine eindrucksvolle Dimension erreicht und der Einsatz sowie die Erstellung von Weblogs, Wikis und Social Networking Sites ist ungebremst. Die Informationsüberflutung betrifft daher nicht nur User, sondern auch Unternehmen sind gezwungen ihr Wissen auf eine möglichst nutzerfreundliche und kostengünstige Weise zu organisieren. Das Verwalten, Wiederfinden und Teilen von Lesezeichen über eine Social Bookmarking Plattform ist heutzutage eine wertvolle Lösung für Privatpersonen geworden. Das Marktpotenzial einer Social Bookmarking Unternehmenslösung ist im Gegensatz dazu noch nicht erschlossen. Dieses Buch zielt darauf ab, mögliche Lösungen und Auswirkungen von Social Bookmarking im Unternehmensbereich zu identifizieren.

Basierend auf einer Literaturrecherche werden aktuelle Entwicklungen von Social Software, speziell von Social Bookmarking, vorrangig über Internet-Quellen, analysiert. Um einen Einblick in den Markt zu bekommen, wurden qualitative Interviews mit Social Software Experten und Social Bookmarking Anbietern geführt. Außerdem dienten die Interviews dazu, die Relevanz und Auswirkung des Geschäftsfeldes Corporate Bookmarking zu bestimmen.

Das Ergebnis der Untersuchung zeigt, dass es nur wenige Firmen gibt, die eine unternehmensspezifische Social Bookmarking Anwendung anbieten. Weiters wurde festgestellt, dass auch Anbieter einer öffentlichen Social Bookmarking Plattform einen Fokus auf den Unternehmensbereich legen und verschiedene Geschäftsmodelle dafür entwickeln. Die Resultate zeigen, dass Social Bookmarking, aufgrund der einfachen Bedienung und des effizienten Kosten-Nutzen-Verhältnisses, einen guten Einstiegspunkt für Firmen in den Social Software Bereich darstellt. Entscheidende Einfluss- und Erfolgsfaktoren für Social Bookmarking sind das unternehmenskulturelle Leitbild und Strukturen die Partizipation und Teilen unterstützen.

Schlagworte: Web 2.0, Social Software, Social Bookmarking, Tagging, Intranet, Wissensgenerierung,

Abstract

The Internet has reached a huge dimension and the use and creation of weblogs, wikis and social networking sites is still growing. For this reason not only many users, but also companies are confronted with an information overflow and must manage their knowledge in a user-friendly and cost-efficient way. Nowadays, organising, retrieving and sharing bookmarks over social bookmarking platforms has become a valuable solution for individuals. In contrast, the enterprise market potential is nearly untouched. This thesis aims at identifying possible solutions and impacts of social bookmarking in a corporate environment.

First, a review of current literature is undertaken, mainly from web resources, in order to analyse the current developments of social software, especially of social bookmarking and tagging. Then qualitative interviews are conducted with experts from the social software area and with providers of social bookmarking platforms to gain an insight into their market strategy. Moreover the interviews aim at assessing the relevance and impacts of the business segment corporate bookmarking.

As a result of the research carried out in this thesis it is discovered that only a few companies actually offer a social bookmarking application, which is designed for use in an enterprise environment. Furthermore, providers of a social bookmarking platform for private users are also focusing on corporate clients and developing different sales models. The findings suggest that social bookmarking is a good entry point for companies into the social software field, due to the ease of use and the cost-benefit ratio of the system. However, a decisive factor in the success of collaborative bookmarking is a corporate culture of participation, learning and sharing.

Keywords: web 2.0, social software, social bookmarking, tagging, intranet, collaborative knowledge generation,

Executive Summary

Angesichts des neuen sozialen Netzverständnisses und der erstaunlichen Dimension, welche das Internet bereits erreicht hat, sind sowohl Privatpersonen als auch Unternehmen gezwungen ihre Informationen bestmöglich zu organisieren, um diese zu einem späteren Zeitpunkt wiederzufinden. Web 2.0 Konzepte, speziell die zentrale Funktion von Social Bookmarking, das Tagging, können hierzu einen Beitrag leisten. Forschungsgegenstand dieser Arbeit sind daher die Entwicklungen und Einsatzgebiete von Social Bookmarking im Unternehmenskontext.

Social Software, eine Untermenge von Web 2.0 und unter anderen Namen schon früher bekannt, unterstützt durch ihre unterschiedlichen Anwendungsarten die Entwicklung von isolierten Webseiten zu einer Plattform der Beteiligung. Äußerungsformen, die unter den Sammelbegriff Social Software fallen, sind Wikis, Weblogs, Social Networking-Anwendungen und Social Tagging-Anwendungen und somit auch Social Bookmarking. Dank der integrierten Funktionen für Bewertung, Vernetzung und Verschlagwortung können die Effekte kollektiver Intelligenz genutzt werden. Das Neue aus technischer Sicht ist die bisher nicht da gewesene Kombination von Technologien, welche unterstützt durch Programmierschnittstellen eine einfache Nutzung und Verbreitung von Informationen ermöglichen. So basiert auch der Aufbau einer Social Bookmarking Plattform im WWW auf bereits bekannten Programmiersprachen und Web-Techniken. Die Speicherung von Favoriten sowie die Beschilderung und Suche über Tags ist auf einer webbasierten Lesezeichensammlung verständlich und userfreundlich aufbereitet. Die intuitive Vergabe von Suchworten bildet auch den entscheidenden Gegensatz zu bekannten Taxonomien, welche durch ihr vorgegebenes hierarchisches Klassifikationsschema in vielen Fällen an Usability, gegenüber dem Bottom-Up-Ansatz von Social Bookmarking, einbüßen. Die Nutzenden erhalten durch die Visualisierung ihrer gesammelten Tags mittels einer Tag Cloud einen Einblick in die Benutzungshäufigkeit der vergebenen Schlagworte. Das Resultat des Beziehungsnetzwerkes aus Nutzenden, Tags und

Bookmarks ist das Entstehen einer Folksonomy, welche sich auf das kollaborative Wissensmanagement positiv auswirkt. Es kommt zu einer schnellen Identifikation von Wissen und Wissensträgern sowie zu einer besseren Qualität der Ergebnisse, da geschäftsprozessrelevante Informationen zeitnah erreichbar sind. Auf lange Sicht baut sich ein stabiles Organisationsvokabular auf, soziale Filtermechanismen etablieren sich und die Tagging-Anwendung kann somit als Methode zur Analyse und Strukturierung der Informationsflut eingesetzt werden.

Die im Web frei verfügbaren Social Software Werkzeuge können auch im Unternehmen sinnvoll zum Einsatz kommen. Weblogs und Wikis gestalten bereits den Arbeitsalltag einzelner Firmen mit, doch Social Bookmarking steht erst am Anfang. Ausgehend von den USA gibt es auch im deutschsprachigen Raum eine Reihe von Anbietern, welche eine kostenlos zugängige Social Bookmarking Plattform im WWW betreiben und im Moment auch geeignete Geschäftsmodelle für den Unternehmenseinsatz entwickeln. Diese reichen von der Installation beim Kunden über eine Integration der Software in die bestehende Kunden-Webseite bis hin zum gemieteten Server-Platz beim Betreiber. Ebenso beschäftigen sich Software-Produzenten mit diesem Thema und eine kollaborative Gesamtlösung aus dem Hause IBM, welche Profile, Aktivitäten, Blogs, Lesezeichen und Communities umschliesst, wird in wenigen Monaten auf den Markt kommen. Die auf Social Bookmarking ausgerichtete Firma, Connectbeam aus Redwood City in Kalifornien, hat bereits ein Produkt am Markt. Zu den ersten großen Kunden zählt der internationale Mischkonzern Honeywell, welcher die Applikation, nach ersten Erkenntnissen, erfolgreich einsetzt.

Social Software Experten und Social Software Anbieter haben in den Interviews das Potenzial einer Social Bookmarking Anwendung im Unternehmenskontext bestätigt und besonders der integrierten Gesamtlösung Zuspruch gezollt. Die vielfältigen Vorteile von Corporate Bookmarking finden in den unterschiedlichsten Einsatzbereichen ihre Anwendung. Um Schwierigkeiten bei der Implementierung zu verhindern und eine größtmögliche Akzeptanz der Anwendung innerhalb der Organisation zu erreichen, ist die Erstellung eines

Einführungskonzeptes unumgänglich. Förderlich sind ein entsprechendes unternehmenskulturelles Leitbild sowie der erkennbare Nutzen und das Verantwortungsbewusstsein jedes einzelnen Mitarbeiters.

Vermerk zur geschlechterneutralen Formulierung:

Auch wenn im Text nicht explizit ausgeschrieben, beziehen sich alle personenbezogenen Formulierungen auf weibliche und männliche Personen.

Danksagung

An dieser Stelle möchte ich mich bei Herrn Rochovansky für den Zugang zur Beta-Version von Lotus Greenhouse, welches das Bookmarking Tool Dogear beinhaltet, bedanken. Mein Gesamteindruck auf die Social Bookmarking Entwicklungen wurde dadurch komplettiert. Mein Dank gilt auch allen Interviewpartnern, die durch ihre aufgewendete Zeit und Auskunftsbereitschaft entscheidend zu meiner Arbeit beigetragen haben, da ich im Rahmen der Gespräche viele neue Eindrücke und Erkenntnisse gewinnen konnte. Ebenfalls erwähnen möchte ich die unbürokratische Bereitstellung eines Internet-Zugangs durch Star 61. Weiters möchte ich mich bei meiner Betreuerin, Frau Mag. Angelika Güttl-Strahlhofer für ihre Ideen, Vorschläge und immer raschen Antworten bedanken, die stets zur Verbesserung und Weiterentwicklung der Arbeit geführt haben.

Inhaltverzeichnis:

1 Einleitung ... 1
1.1 Ausgangspunkt und Problemstellung ... 1
1.2 Fragestellung und Ziel ... 2
1.3 Vorgehensweise ... 2
1.4 Aufbau des Buches ... 3
2 Das neue kollaborative Netzverständnis ... 5
2.1 Einführung ... 5
2.2 Web 2.0 ... 6
2.2.1 Allgemein ... 6
2.2.2 Die Charakteristiken von Web 2.0 ... 7
2.2.3 Die Netzevolution im Überblick ... 9
2.2.4 Web 2.0 im Unternehmen ... 11
2.3 Social Software ... 13
2.3.1 Begriffsfassung und Grundlagen ... 13
2.3.2 Historische Rückblende ... 14
2.3.3 Arten von Social Software ... 16
3 Social Bookmarking ... 20
3.1 Vergleich mit traditionellem Bookmarking ... 20
3.2 Definition ... 21
3.3 Entstehung und Überblick der Anbieter ... 23
3.3.1 del.icio.us ... 23
3.3.2 Dienste im deutschsprachigen Raum ... 24
3.3.3 IBM und Connectbeam ... 26
3.4 Kennzeichen und Funktionsweise ... 27
3.4.1 Aufbau eines Bookmarks ... 27
3.4.2 Nutzung einer Social Bookmarking Plattform ... 29
3.4.3 Technologie ... 32
3.5 Tagging ... 35
3.5.1 Grundprinzip ... 35
3.5.2 Taxonomien ... 38

3.5.3 Tag Clouds 39
3.5.4 Kollaborative Wissensgenerierung 43
4 Social Bookmarking im Unternehmenskontext 45
4.1 Problemzentrierte Interviews 45
4.1.1 Auswahl und Vorgehensweise 45
4.1.2 Gesprächsleitfaden, Befragung und Auswertung 46
4.1.3 Auswahl der Gesprächspartner 47
4.2 Ergebnisse der Interviews 48
4.2.1 Aktueller Stand von Social Bookmarking 48
4.2.2 Potenzial „Unternehmenslösung“ 50
4.2.3 Vorteile für Unternehmen 54
4.2.4 Auswirkung auf die Unternehmenskommunikation 55
4.2.5 Schwierigkeiten und Fallstricke 56
4.2.6 Mögliche Einsatzgebiete 59
5 Conclusio und Ausblick 61
6 Literaturverzeichnis 66
7 Interviews 77
8 Anhang 78
9 Register 80

Abkürzungsverzeichnis:

AAL	Andere arbeiten lassen
AG	Aktiengesellschaft
AJAX	Asynchronous JavaScript and XML
API	Application Programming Interface
ARD	Arbeitsgemeinschaft der öffentlich-rechtlichen Rundfunkanstalten der Bundesrepublik Deutschland
ARPA	Advanced Research Projects Agency
ARPANET	Advanced Research Projects Agency Network
CSCW	Computer Supported Collaborative (manchmal auch Cooperativ) Work
EIES	Electronic Information Exchange System
EMEA	Europa, Middle East and Africa
FOAF	Friend Of A Friend
HTML	Hypertext Markup Language
IBM	Internationale Büromaschinen Gesellschaft m.b.H.
IT	Informationstechnologie
KMU	Kleine und mittlere Unternehmen
Memex	Memory Extender
RDF	Resource Description Framework
RSS	Real Simple Syndication auch Rich Site Summary
SOAP	Simple Object Access Protocol
SOA	Serviceorientierte Architektur
OWL	Web Ontology Language
WWW	World Wide Web
XML	eXtensible Application Markup Language
ZDF	Zweites Deutsches Fernsehen

Abbildungsverzeichnis:

Abbildung 1: Stationen der Netzevolution 9
Abbildung 2: Arten von Social Software......16
Abbildung 3: Arten von Social Software......18
Abbildung 4: Vergleich von traditionellen Bookmark-Listen mit Social Bookmarking 20
Abbildung 5: Aufbau eines Mister Wong Bookmarks 28
Abbildung 6: Aufbau eines del.icio.us Bookmarks 28
Abbildung 7: Aufbau eines IBM Bookmarks 29
Abbildung 8: Social Bookmarking Buttons von del.icio.us 29
Abbildung 9: Social Bookmarking Buttons von Mister Wong 30
Abbildung 10: Social Bookmarking Button von IBM......30
Abbildung 11: Anlegen eines Dogear Bookmarks 31
Abbildung 12: Basistopologie von Lotus Connections 34
Abbildung 13: Ausschnitt aus einer Taxonomie 38
Abbildung 14: del.icio.us Tag Cloud......40
Abbildung 15: Gegenüberstellung: Anzeige der Filterergebnisse einer Dogear Tag Cloud......41
Abbildung 16: Darstellung dieses Kapitels als Tag Cloud......42
Abbildung 17: Connectbeam im Einsatz bei Honeywell......49
Abbildung 18: Geschäftsmodelle der Social Bookmarking Anbieter 52
Abbildung 19: Übersicht der Vorteile 54
Abbildung 20: Auswirkungen auf die Unternehmenskommunikation......55

Tabellenverzeichnis:

Tabelle 1: Beispiele Web 1.0 und Web 2.0 8
Tabelle 2: Social Bookmarking Anbieter 25
Tabelle 3: Unternehmenslösungen für Social Bookmarking 51
Tabelle 4: Einsatzgebiete von Social Bookmarking 59

1 Einleitung

1.1 Ausgangspunkt und Problemstellung

Das Informationsangebot im World Wide Web[1] nimmt jeden Tag zu. Die Zahl der Blogs erhöht sich im Sekundentakt und die globale Foto-Community „Flickr" wird täglich um fast 500 000 Bilder erweitert (Szugat et al., 2006, p. 9). Seit Mai 2004 hat das Internet seine Größe sogar verdoppelt und den Meilenstein der 100 millionsten Seite überschritten (Netcraft, 2006). Jeder, ob beruflich oder privat, kennt daher die lähmende Frage: wo habe ich das gelesen, wo war das noch gleich, wen frage ich da am besten? Das rasche Auffinden von Informationen und verfügbaren Wissensträgern bietet einen entscheidenden wirtschaftlichen Vorteil für Unternehmen und für einen persönlich spart es Nerven und Zeit. Viele Nutzende sind deshalb bemüht, ihre gefundenen Kontakte, Fotos und Webseiten übersichtlich zu organisieren, um diese zu einem späteren Zeitpunkt wiederzufinden.

Unternehmen haben eigene Strategien zur Filterung, Abspeicherung und möglichst schnellen Bereitstellung ihrer Informationen entwickelt, welche fast immer auf technischen Informationsverarbeitungssystemen basieren. Neue Anwendungsmöglichkeiten hierfür bietet das „Web 2.0", welches eine Weiterentwicklung des WWW vom reinen Abrufmedium zu einer wirklichen Plattform darstellt, die Kommunikation, Interaktion und Zusammenarbeit ermöglicht. Im Mittelpunkt steht das Vertrauen in die Gemeinschaft, da der Großteil der Inhalte von den Nutzenden selbst geschaffen und durch kollaborative Filtermechanismen zugänglich gemacht wird.

Diesem Prinzip unterliegt auch Social Bookmarking, welches durch die Tagging-Funktion eine neue Organisationsstruktur für die Verwaltung von Links und anderen Online-Quellen schafft. Im privaten Bereich bereits sporadisch genutzt, können nach Meinung von Burg und Pircher (2006, p. 1) „dieselben Software-

[1] In der Folge als WWW bezeichnet.

und Prozessmetaphern auch im Unternehmenskontext sinnvoll zum Einsatz gebracht werden". Im deutschsprachigen Raum gibt es zwar einige Anbieter von Social Bookmarking Plattformen, aber das Markpotenzial und der Nutzen dieser Anwendung im Unternehmenszusammenhang ist gänzlich neu und noch lange nicht erschlossen.

1.2 Fragestellung und Ziel

Aus der im vorangegangenen Kapitel dargelegten Problemstellung werden folgende Forschungsfragen abgeleitet:

- *Welche Möglichkeiten und Auswirkungen bringt Social Bookmarking im Unternehmenskontext mit sich?*
- *Welche Intentionen verfolgen Social Bookmarking Anbieter im Hinblick auf Bookmarking im Unternehmen?*
- *Was steckt aus technischer Sicht hinter Social Bookmarking?*
- *Welchen Einfluss nimmt Social Bookmarking auf die Unternehmenskommunikation?*

Im Zuge dieser Arbeit sollen grundlegende Varianten der Anwendbarkeit aufgezeigt und die aktuellen Vorhaben der Anbieter beschrieben werden. Ziel ist es, Vorteile, Wichtigkeit und Problembereiche von Social Bookmarking zu identifizieren und geeignete Voraussetzungen für die kollaborative Wissensgenerierung aufzuzeigen. Da laut Bächle (2006c, p. 2) „Social Software sehr gut zum Stichwort Wissensmanagement passt", ist in diesem Zusammenhang darauf hinzuweisen, dass dieses Buch zwar Aspekte der Wissensgenerierung beinhaltet, aber kein Buch zum Thema Wissensmanagement darstellt, da dies den Umfang bei weitem überschreiten würde.

1.3 Vorgehensweise

Eine umfassende Literaturrecherche, welche vorrangig auf Internet-Quellen und Fachzeitschriften basiert, zeigt den Stand der Forschung auf und legt die Relevanz des Themas dar. Weiters werden der Untersuchungsgegenstand und sein näheres Umfeld genauer erläutert. Ein Testzugang zur Beta-Version des IBM[2] Produkts „Dogear“ verbreitert den Anbieter- und Marktüberblick durch die Ausdehnung des privaten Einsatzgebietes auf den Unternehmensbereich. Im Zuge dessen fließen eigene Erfahrungen, welche aus der Nutzung diverser Applikationen abgeleitet wurden, in die Arbeit mit ein.

Zur Analyse und Klärung der Forschungsfrage wurden qualitative Interviews über einen Zeitraum von 3 Monaten in Berlin und Wien durchgeführt. Auch eine rein amerikanische Organisation wurde in die empirische Forschung mit einbezogen, um den unternehmerischen Aspekt von Social Bookmarking besser vertreten zu wissen. Erste Kundenerfahrungen lieferten einen Mitgrund für die Berücksichtigung der USA, da im deutschsprachigen Raum keine Käufer einer Corporate Bookmarking Anwendung identifiziert werden konnten. Die abgeleiteten Ergebnisse wurden in Themenkomplexe zusammengefasst und durch aussagekräftige Grafiken unterstützt dargestellt.

1.4 Aufbau des Buches

Den Kern der vorliegenden Arbeit bilden die Kapitel 3 und 4, die sich sowohl mit dem theoretischen Hintergrund und dem Stand der Forschung von Social Bookmarking als auch mit dem möglichen Einsatz dieser Anwendung im Unternehmenskontext auseinander setzen. Im vorangehenden Basiskapitel wird das Umfeld der Thematik, zur Schaffung eines elementaren Verständnisses, komprimiert dargestellt.

In den einzelnen Kapiteln werden konkret folgende Themenschwerpunkte der Arbeit „Social Bookmarking - Entwicklungen und Einsatzmöglichkeiten der kollaborativen Wissensgenerierung im Unternehmensbereich“ behandelt:

---

[2] http://www.ibm.com/at/

Kapitel 1 gibt eine kurze Einführung in die Thematik des Buches und legt im weiteren Verlauf die Vorgehensweise und den Aufbau dar.

Kapitel 2 stellt den Grundlagenteil dieser Arbeit dar. Erläuterungen und Hintergrundinformationen jener Begriffe, die für die Forschungsthematik als wesentlich erachtet werden, finden in diesem Abschnitt statt.

Kapitel 3 widmet sich in detaillierter Form den Funktionen von Social Bookmarking. Es beschreibt diesbezügliche Komponenten und technologische Umsetzungsmöglichkeiten sowie überblicksmäßig die existierenden Anbieter und deren Potenzial und Marktpräsenz.

Kapitel 4 beschäftigt sich mit der Auswertung und Darstellung der Ergebnisse aus den qualitativen Interviews sowie der Forschungsmethode selbst.

Kapitel 5 schließt diese Ausarbeitung mit einem Resümee ab. Die gewonnenen Erkenntnisse werden zusammengefasst und Ausblicke zur Diskussion gestellt.

2 Das neue kollaborative Netzverständnis

Mit dem Begriff Web 2.0 wird ein Versionssprung suggeriert, doch dies ist zu weit gegriffen, da es um Neuerungen geht, die eher auf einem sozialen Miteinander im Web fußen, als technische Innovationen mit sich bringen.

2.1 Einführung

Das WWW wird zunehmend als Treffpunkt sozialer Interaktionen und zur Netzwerkbildung genutzt, was aus dem Wandel von einem reinen Abrufmedium hin zum „Mit-Machweb“ resultiert (Hippner, 2006, p. 6). Große Beachtung finden Anwendungen und Techniken der Social Software (siehe Kapitel 2.3), welche „Many-to-many-relationships[3]“ unterstützen und archetypische menschliche Bedürfnisse in den Mittelpunkt stellen. Mit diesem sozialen Netzverständnis und des sich abzeichnenden „digitalen Lebensstiles“ geht eine Reihe von neuartigen Begriffen einher, die für dieses Buch relevant sind und in diesem Kapitel näher beleuchtet werden.

In der Literatur ist immer wieder zu beobachten, dass die Begriffe Web 2.0 und Social Software in einem Atemzug genannt und laut Szugat et al. (2006, p. 14) „oft für Synonyme gehalten werden“. Auch Hippner (2006, p. 6) spricht davon, dass „Web 2.0 vereinzelt mit Social Software gleichgesetzt wird“, und manchmal gleichbedeutend für das semantische Web[4] verstanden wird. „Vielmehr ist aber Social Software eine Untermenge von Web 2.0“ erklärt Szugat et al. (2006, p. 14), da es sich bei Web 2.0 (siehe Kapitel 2.2.1) um einen breit angelegten

---

[3] Beziehungen innerhalb von Gruppen

[4] Begründer ist Tim Berners-Lee durch den Artikel „The Semantic Web“, welcher die Erweiterung des WWW um Annotationen in maschinenlesbarer Form beschreibt. „The Semantic Web will bring structure to the meaningful content of Web pages, creating an environment where software agents roaming from page to page can readily carry out sophisticated tasks for users. The Semantic Web is not a separate Web but an extension of the current one, in which information is given well-defined meaning, better enabling computers and people to work in cooperation“ (Berners-Lee et. al., 2001, p. 58f).

Sammelbegriff handelt. Bächle (2006b) weist bei seiner Definition von Social Software auch auf den Deja-vu-Effekt hin, da dadurch „der Ansatz räumlich verteilter Gruppenarbeit in virtuellen Organisationsformen eine Renaissance erlebt", was an der Benutzungsfreundlichkeit und Einfachheit der neuen Systeme liegt.

2.2 Web 2.0

2.2.1 Allgemein

Das Web hat sich seit dem Platzen der New-Economy-Blase im Jahr 2000 weiterentwickelt und verändert. „Internet war gestern, heute ist Web 2.0" heißt es in viele Fachzeitschriften und Magazinen, seit dieses Thema, ausgehend von den USA im Jahr 2005/2006, auch Europa erfasst hat (Rappold, 2006). „Web 2.0 ist keine neue „Version" des Netzes, wie der Begriff suggeriert, sondern eine Metapher für einen evolutionären Wandel" und steht gleichzeitig auch „für etwas qualitativ Neues" behaupten Schroll et al. (2007, p. 3). Der Begriff selbst wurde im Frühjahr 2004 (siehe Abbildung 1) während der Planung einer Internetkonferenz von Dale Dougherty von O'Reilly Media und Craig Cline von MediaLive geprägt und seitdem in unterschiedlichsten Zusammenhängen inflationär verwendet. Um dem entgegenzuwirken schrieb Tim O'Reilly den Artikel „What is Web 2.0" und definierte in „Web 2.0 Compact Definition: Trying Again" den vielschichtigen Begriff folgendermaßen:

> *Web 2.0 is the business revolution in the computer industry caused by the move to the internet as platform, and an attempt to understand the rules for success on that new platform. Chief among those rules is this: Build applications that harness network effects to get better the more people use them.*

Das Internet ist also ein Medium der Beteiligung geworden. Allein in Deutschland sind nach der neuesten ARD/ZDF Online Studie knapp 60 Prozent der Bevölkerung online, wovon sich ein Viertel am aktiven Umgang mit dem Internet, interessiert zeigt (ARD/ZDF, 2006). Folgt man allerdings dem ursprünglichen Netzverständnis von Tim Berners-Lee (siehe Kapitel 2.2.3), dem Begründer des WWW, so gibt es keine Änderung von Web 1.0 zu Web 2.0. Er vertritt die Ansicht, dass die angeblichen Neuerungen des Web 2.0 in Wahrheit bereits dem Web 1.0 zugrunde lagen und hält „Web 2.0 für nutzloses Blabla, das niemand erklären kann" (Roth, 2006). Dementsprechend schwer ist es eine Grenze zu ziehen, da der Begriff unscharf definiert, teilweise nicht anerkannt und schon gar nicht einheitlich gebraucht wird. Im nachstehenden Kapitel erfolgt daher eine deutlichere Darstellung des „neuen" Web anhand von Beispielen und Vergleichen.

2.2.2 Die Charakteristiken von Web 2.0

Hinter Web 2.0 verbirgt sich ein Sammelsurium an Themen und der Begriff selbst ist zu einem „Buzzword" geworden. Grundsätzlich steht „Web 2.0 für eine neue Art, sich im Netz zu bewegen, für ein Set neuer Ansätze, Webtechnologien zu denken und zu implementieren, und für einen neuen Zugang zum Business-Feld World Wide Web" sagen Schroll et al. (2007, p. 8). Diese Ansätze fordern auch die Weiterentwicklung von Software-Release-Zyklen zu flexiblen und dynamischen Programmieransätzen (Rappold, 2006). Im Vordergrund stehen jedoch die Nutzenden, die zu Entwicklern, Autoren und Betreibern von Webseiten werden. „Die erfolgreichsten Webangebote sind die, in denen der Nutzer selbst für die Inhalte sorgt" schreibt Lange (2006, p. 7) und spricht damit das AAL-Prinzip an, was soviel bedeutet wie „Andere arbeiten lassen". Die Unterschiede und jeweiligen Eigenschaften lassen sich allerdings am besten an Hand von Beispielen, die O'Reilly in seinem Artikel „What is Web 2.0" beschreibt, erklären.

Web 1.0		Web 2.0
DoubleClick	>	Google AdSense
Ofoto	>	Flickr
Akamai	>	BitTorrent
mp3.com	>	Napster
Britannica Online	>	Wikipedia
Persönliche Webseiten	>	Blogs
Spekulation mit Domain Namen	>	Suchmaschinen-Optimierung
Seitenaufrufe	>	"cost per click"
Extraktion via Screen Scraping	>	Web Services
Veröffentlichung	>	Beteiligung
Content Management Systeme	>	Wikis
Taxonomie (Verzeichnisse)	>	"Folksonomy" (Tagging)
Feststehend ("stickiness")	>	Zusammenwachsen ("syndication")

Tabelle 1: Beispiele Web 1.0 und Web 2.0 (Quelle: O'Reilly, 2005)

Vorweg sei gesagt, dass die angeführten Beispiele sich beliebig fortsetzen lassen und keines davon eindeutig Web 1.0 oder Web 2.0 zugeordnet werden kann, da die Grenzen ineinander fließen. Aber an einem der bekanntesten Beispiele, der „Wikipedia", lässt sich veranschaulichen, wie sich das WWW zu einer Plattform der Beteiligung weiterentwickelt hat. Dieses weltgrößte freie Internetlexikon, wurde im Gegensatz zur Britannica Online[5] von freiwilligen Redakteuren geschaffen. Mehr als 2,5 Millionen Einträge in über 100 Sprachen konnte die Wikipedia seit ihrem Beginn im Jahr 2001 (siehe Abbildung 1) sammeln und übertrifft quantitativ die Britannica damit bei weitem. Außerdem zeigt sich, dass die benutzergenerierten[6] Inhalte nur eine geringfügig höhere Fehlerhäufigkeit aufweisen als ihr professionell erstelltes Pendant (Rappold, 2006). Für diese Arbeit ist eine der bedeutendsten Web 2.0 Charakteristiken das Entstehen der „Folksonomy", welche im Kapitel 3.5.1 näher beschrieben wird.

[5] Internetausgabe der renommierten Encyclopedia Britannica

[6] auch: user generated content (Web 2.0 Schlagwort, für das Erzeugen von Medieninhalte durch die Benutzer)

2.2.3 Die Netzevolution im Überblick

Im Herbst 2006 ist Web 2.0, durch Plattformen wie „MySpace“, „YouTube“, „Flickr“ oder „del.icio.us“ (siehe Kapitel 3.3.1), endgültig im Mainstream angekommen (siehe Abbildung 1).

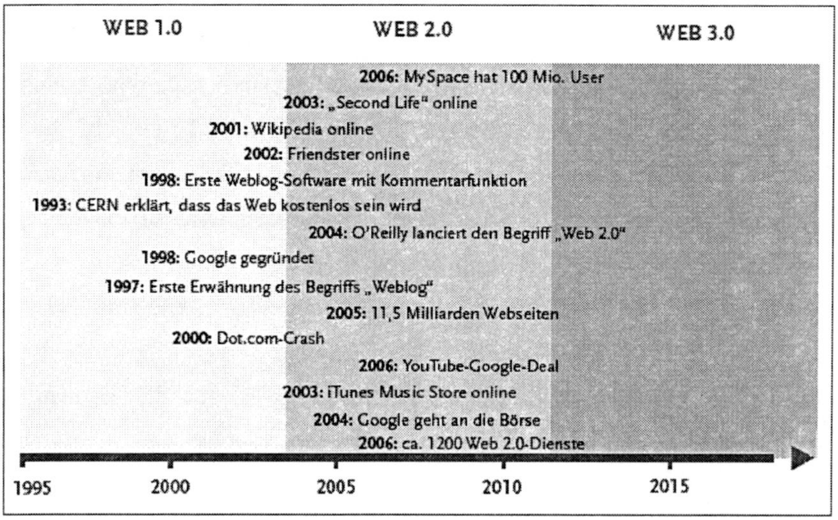

Abbildung 1: Stationen der Netzevolution (Quelle: Schroll et al., 2007, p. 3)

Die Wurzeln des meistgenutzten Internetdienstes dem WWW, gehen auf Tim Berners-Lee (siehe Kapitel 2.2.1) zurück, der am CERN sein World Wide Web-Projekt entwickelte und im Jahr 1991 öffentlich machte. Seine (1999, p. 11) Vision war es, "dass potentiell alles mit allem verknüpft ist“ und dass jeder uneingeschränkten Zugang zu den Informationsressourcen haben soll, um eigene Inhalte einstellen zu können. Web 2.0 brachte daher, wenn man so will, bekannte Anwendungen im neuen Gewand hervor, aber es haben sich dennoch auch einige Schlüsselprinzipien verändert. Aus Benutzersicht sind aus isolierten Webseiten Plattformen der Beteiligung geworden und folgt man Schroll et al. (2007, p. 15) so haben „Web 2.0 Anwendungen eine sozusagen eingebaute Tendenz, Inhalte, Orte, Menschen, Meinungen und Ereignisse in einem sozialen Hyperraum zu vernetzen“. Die Nutzenden sind zu Content-Produzenten geworden, die sich aktiv einbringen, effektiv zusammenschließen und durch sozial gesteuerte Filter, Empfehlungen oder Rankings die kollektive Intelligenz zur Wissensgenerierung heranziehen (siehe Kapitel 3.5.4).

Die technische Seite des Netzes hat sich ebenfalls gewandelt und entwickelt sich ständig weiter, auch wenn, laut Schroll et al. (2007, p. 31), „Web 2.0 keine Systeminnovation aufzuweisen hat, die es mit Tim Berners-Lees „Web 1.0“ aufnehmen könnte“. Eine typische Web 2.0 Anwendung ist Ajax, was für Asynchronous JavaScript and XML steht. Dieses Konzept basiert auf bereits bekannten Web-Techniken wie HTML, JavaScript oder XML, ist aber selbst keine Programmiersprache. „Es ist allein die Art der gemeinsamen Verwendung dieser Technologien, die früher nicht praktiziert wurde“ erklärt Alby (2007, p. 135), welche dem Web mehr Dynamik verleiht. Nur gewisse Teile einer HTML-Seite müssen bei Bedarf nachgeladen werden, ohne dabei die gesamte Seite komplett neu aufbauen zu müssen, da das Ajax-Prinzip die asynchrone Datenübertragung zwischen einem Server und dem Browser ermöglicht. Einer der bemerkenswertesten Fortschritte in der grundlegenden Architektur des Webs ist jedoch die „RSS (Really Simple Syndication)“ Technologie, welche auch als „Rich Site Summary“ oder „RDF Site Summary[7]“ bezeichnet wird. Diese Software ermöglicht es dem Benutzer Informationen von verschiedenen News- oder Weblog-Seiten, durch den Einsatz eines RSS-Readers, zu abonnieren (O’Reilly, 2005, p. 3). Diese Verbindung zwischen zwei Services stellt strukturierten Inhalt ohne Layout zur Verfügung und bietet den wesentlichen Vorteil der Zeitersparnis, da der Konsument sein individuell zusammengestelltes Nachrichten- und Informationssystem erhält. RSS ist somit zu einer Schüsseltechnologie geworden um den Informationsüberblick zu behalten, da der User nicht mehr das Netz ansurft, „sondern das Netz ihn“ sagen Schroll et al. (2007, p. 40).

[7] RDF (Resource Description Framework) ist bereits im semantischen Web enthalten.

Die neue Form und Qualität der Netznutzung resultiert auch im Phänomen der Mashups, was soviel wie „Neukombinieren" bedeutet. Daten werden über offene API's[8] (Application Programming Interface) aus anderen Applikationen geholt und mit neuen Inhalten, wie Text, Musik, Bilder oder Videos vermischt. Durch diese „Vermantschung" entstehen neue modular zusammengebaute Webseiten, die Mehrwert für die Nutzenden bieten. Diese „Remix-Kultur" bringt im Durchschnitt 3,05 neue Mashups pro Tag hervor. Diese Zahl beruht auf einen Durchrechnungszeitraum von 6 Monaten und bezog nur die Mashups mit ein, die auf der Seite „Mashup-Feed" registriert wurden (Mashup Feed, 2007). Beispiele wie plazes.com, flickrsudoku.com oder worldtrip.tv „importieren" Daten, meist von GoogleMaps oder Flickr, und reichern diese mit eigenen Inhalten an, oder lassen sie vom Benutzer selbst ergänzen. „Das bekannte Social-Software-Prinzip (siehe Kapitel 2.3) des Tauschens und Bewertens wird erweitert um die Möglichkeit, Inhalte zu verändern und zu kombinieren" resümieren Szugat et al. (2006, p. 98).

2.2.4 Web 2.0 im Unternehmen

Um Web 2.0 Technologien im Unternehmen erfolgreich einsetzen zu können, müssen vorab einige Rahmenbedingungen geschaffen und eventuell lang eingeübte Prozesse neu überdacht werden. Um Wissen zu kommunizieren und zu teilen, sei es mittels Weblogs, Wikis oder Social Bookmarking, muss das unternehmenskulturelle Leitbild auch dazu ermutigen. Ein effizienter Wissenstransfer ist daher mittels klarer Regeln und konkreter Limits, innerhalb deren sich die Mitarbeiter frei bewegen können, am besten zu erzielen (Schroll et al., 2007, p. 64). Dies stellt jedoch eine echte Herausforderung für Organisationen dar, da viele traditionell aufgestellt sind und bei der Abgabe von Kontrolle und Verantwortung sehr zögerlich agieren. Burg führt im Interview mit „Der Standard" weiter aus, dass der Einsatz von Kommunikationssoftware meist mit einem Lernprozess im Unternehmen verbunden ist, da es sonst bloß zu einer Spiegelung im virtuellen Raum kommt, was nur eine unergiebige Dopplung

[8] Programmierschnittstellen, welche zur Anbindung an ein anderes Programm dienen.

bedeutet und der Organisation keine Steigerung der Produktivität bringt. Wichtige Erfolgsfaktoren sind daher ein benutzerfreundlicher IT-Support und die soziale Moderation, oder auch „facilitation“ genannt (hoco, 2006).

Üblicherweise gelangen Innovationen aus Nischenmärkten und spezialisierten Marktsegmenten nach gewisser Zeit auch in den Massenmarkt. Diese Regel gilt nicht für Web 2.0 Anwendungen, da diese Konzepte und Technologien in erster Linie von Privatusern aufgegriffen und ins Unternehmen getragen werden. Die Vorteile von Blogs, Tags, Partizipation, Bewertung oder Social Bookmarking erleben User täglich, jedoch meist außerhalb ihres Unternehmens, deren IT so komplex und mächtig geworden ist, und laut Schroll et al. (2007, p. 65) „einem schwerfälligem Schlachtross“ gleicht. Dennoch sieht der „Bundesverband Digitale Wirtschaft“ in Web 2.0 Konzepten ein bedeutendes Potenzial für Unternehmen und ist der Meinung, dass diese nach und nach Einzug in die Kommunikationsstrategien der Firmen halten. „Entscheidende Bausteine für den erfolgreichen Einsatz der Technologien sind, [...] Glaubwürdigkeit, Kritikfähigkeit, Authentizität, Relevanz sowie die Ermöglichung echter Partizipation“ verlautbart der Bundesverband Digitale Wirtschaft (2006) in seiner Pressemitteilung. Die Investoren sind nach dem Platzen der Internet-Blase an der Börse, laut Time Magazin, zurückhaltender und vorsichtiger geworden. Trotz Prognosen, dass Web 2.0 Technologien die Wertschöpfung positiv beeinflussen, werden „todays's venture-capital investments, especially in Web 2.0 companies“ von Quittner (2006) als „nanopotatoes“, im Vergleich zu den „mega dotcom-era investments“, betitelt.

2.3 Social Software

2.3.1 Begriffsfassung und Grundlagen

Der Begriff „Social Software[9]" ist laut Szugat et al. (2006, p. 13) „in seiner jetzigen Bedeutung gerade einmal vier Jahre alt" und wird oft auf Clay Shirky zurückgeführt, der erstmals durch die Organisation des „Social Software Summit" im Jahr 2002, das breite Bewusstsein einer Branche darauf richtete. Shirky definierte Social Software mehrmals und in seiner heutigen Version beschreibt er (2006) diese einfach als „software that supports group interaction". Auch Boyd (2006) leistete seinen Beitrag durch den Artikel „Are you ready for Social Software?" wo er sagt, dass „the desire of individuals to be pulled into groups to achieve goals" von Social Software unterstützt wird, im Gegensatz zu „project-oriented collaboration tools that places people into groups".

Um einen Einblick in die Prinzipien von Social Software zu bekommen sind die weiterverbreiteten enumerativen Definitionsansätze hilfreicher, bei denen die Grundsätze wie folgt dargelegt werden.

- Im Mittelpunkt der Social Software steht das Individuum bzw. die Gruppe.
- Social Software unterliegt der Grundidee der Selbstorganisation.
- Es wird eine soziale Rückkopplung in Form von Social Ratings unterstützt.
- Der Fokus liegt weniger auf den Informationen des einzelnen Individuums, sondern vielmehr auf der Struktur, die aus der Verknüpfung der Informationen erwächst (kollektives Wissen).
- Das Individuum integriert sich in die Gruppe, eine reine „One-to-one" Kommunikation wird nicht gewünscht.
- Personen, Beziehungen, Inhalte und Bewertungen sollen sichtbar gemacht werden (Hippner, 2006, p. 8).

---

[9] auch: Social Web, manchmal auch „Social Computing" oder „Social Applications" genannt. In diesem Buch wird jedoch der Begriff „Social Software" verwendet

Voraussetzung dafür ist „die Bereitschaft der Nutzer, ihre Anonymität im Netz teilweise oder ganz aufzugeben" und „Inhalte für das Web zu schaffen" behauptet Szugat et al. (2006, p. 14). Die Beteiligung des Individuums und die Ergebnisse dieser Beteiligung setzen soziale Bewegung und Prozesse in Gang, die unmöglich zu kalkulieren sind. Shirky (2003) meint „it's not like a cake recipe", sondern es ist die unvorhersehbare soziale Dynamik von der Social Software lebt.

2.3.2 Historische Rückblende

Mit Namen, wie „CSCW (Computer Supported Collaborative Work)[10]" oder „Groupware", erlangte der Begriff „Social Software" schon viel früher Bekanntheit und ist laut Christopher Allen, der den Artikel „Tracing the Evolution of Social Software" schrieb, bis ins Jahr 1945 zurückzuverfolgen, wo Vannevar Bush von einem Gerät namens „Memex[11]" spricht (Allen, 2004). Genau formuliert Bush (1945) seinen Gedanken folgendermaßen:

> *A memex is a device in which an individual stores all his books, records, and communications, and which is mechanized so that it may be consulted with exceeding speed and flexibility.*

Danach sprach erst wieder Licklider in dieser Deutlichkeit im Jahr 1968 von „The Computer as a Communication Device" und war, durch seine leitende Tätigkeit bei verschiedenen Forschungsprojekten der Advanced Research Projects Agency (ARPA), mitverantwortlich für das ARPANET und letztendlich für das Internet. „[...] we participated [...] in a technical meeting held through a computer. In two days, the group accomplished with the aid of a computer what normally might have taken a week" führt Licklider (1968, p. 26) in seinem Artikel auf. Aus dieser und auch anderen Stellen ist zu schließen, dass für Licklider der Computer auch eine Rolle in der Zusammenarbeit und Formation von Gruppen spielte und nicht ausschließlich der Kommunikation diente. In den 60er Jahren wurde eine Reihe

[10] oder: Rechnergestützte Gruppenarbeit

[11] steht für: Memory Extender

weiterer Begriffe für Social Software erfunden, so sprach Doug Englebart von „augmentation[12]" und die IBM zuerst von „word-processing[13]" und später von „office automation[14]". Hiervon erlangte nur letzterer wirklich an Bedeutung und wurde in allen führenden IT Unternehmen verwendet. Bezeichnungen wie „EIES (Electronic Information Exchange System)", die erste relevante Implementierung von kollaborativer Software, „decision support system" oder „computer-mediated communications" konnten sich nicht durchsetzen und verschwanden wieder. Danach wurde der Begriff „Groupware" populär, welcher nach mehrheitlicher Meinung, durch Peter and Trudy Johnson-Lenz (1978) mit den Worten „intentional **group** processes plus soft**ware** to support them" geprägt wurde. Die Wissenschaftler kreierten im Gegensatz dazu den Namen „CSCW", welcher durch das Digital Media Laboratory mit

> *a multidisciplinary research field including computer science, economics, sociology, and psychology. CSCW research focuses on developing new theories and technologies for coordination of groups of people who work together*

beschrieben wurde und noch heute als Titel für Konferenzen[15] auftaucht (Allen, 2004). Natürlich gab es auch für CSCW unterschiedlichste Definitionen und Vergleiche, doch durchgesetzt hat sich schlussendlich der Ausdruck „Groupware", welcher nach einigen „Ups and Downs" auf der Beliebtheitsskala, doch zugunsten von „Social Software" weichen musste. Der Anfangspunkt wurde in den 90er Jahren gelegt, wo der Fachbegriff allerdings nur innerhalb einer kleinen Forschergruppe Beachtung fand. „Neu an Social Software gegenüber Groupware sind neben der Fokussierung auf das WWW die Möglichkeiten, Information zu bewerten und aufgrund der Bewertung zu filtern" äußert Szugat et al. (2006, p. 16). Außerdem rückt der Community- und Netzwerkgedanke sowie

---

[12] auch: Vermehrung

[13] auch: Textverarbeitung

[14] auch: Büroautomatisierung

[15] http://www.acm.org/cscw2006/

der selbstorganisierenden Bottom-Up-Ansatz bei Social Software in den Mittelpunkt, wohingegen die Vereinfachung der Zusammenarbeit von Teams vordergründig für Groupware steht. So sieht auch Hoschka (1998), dass „Computer und Netze beginnen, so etwas wie eine soziale Umgebung zu bilden", welche sowohl dem Erwerbsleben als auch der Freizeit dienlich sind. Ab dem Jahr 2002 folgen eine Vielzahl von Definitionen für den Social Software Begriff, allen voran Clay Shirky (siehe Kapitel 2.3.1).

Der Zusammenhang von Groupware und Social Software ist für dieses Buch auch deswegen relevant, da Social Software im (geschlossenen) Unternehmenskontext als Groupware zu verstehen ist, da das Unterscheidungsmerkmal „die Anwendergruppe" (Web-Communities statt Teams) wegfällt (Richter & Koch, 2007, p. 12).

2.3.3 Arten von Social Software

Wie in der Begriffsdefinition (siehe Kapitel 2.3.1) bereits ersichtlich, ist Social Software, wie auch Web 2.0, sehr weit und nicht eindeutig gefasst, woraus sich auch die unterschiedliche Zuordnung der einzelnen Arten und Anwendungen ableitet (siehe Abbildung 2). Einigkeit herrscht bei den Kategorien „Weblogs" und „Wikis", jedoch bei der Unterteilung in „Social Network Services" werden verschiedene Ansätze verfolgt.

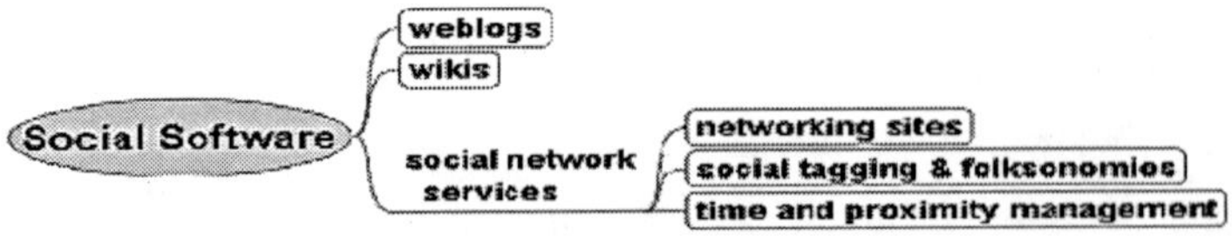

Abbildung 2: Arten von Social Software (Quelle: Avram, 2006, p. 2)

Weblog:

Ein Weblog, meist einfach nur „Blog“ genannt, ist ein regelmäßiger Nachrichtendienst dessen Informationen in umgekehrter chronologischer Reihenfolge, also in Form eines Tagebuchs (Web-Logbuch) oder eines Journals auf einer Webseite präsentiert werden. Für die Veröffentlichung und Kommentierung von Beiträgen sind keine Programmierkenntnisse erforderlich. (Richter & Koch, 2007, p. 13).

Wiki:

Ein Wiki (auch WikiWiki und WikiWeb genannt) ermöglicht die kollaborative Erstellung und Bearbeitung von Dokumenten im Web. Ziel ist es, das Fachwissen von mehreren Usern zu einem bestimmten Thema zu konsolidieren und dadurch die subjektive Meinung in den Hintergrund treten zu lassen. Der bekannteste Vertreter dieser Art von Social Software ist die mehrsprachige Wikipedia (siehe Kapitel 2.2.2).

Social Network Services:

Eine Untergruppe der Social Network Services bilden, laut Abbildung 2, die „**Networking Sites**[16]“, wo Mitglieder via Profilseiten über ihre Interessen und Tätigkeiten informieren. Diese Community-Seiten unterstützen ihre User vom Netzwerken bis hin zum professionellen Kontaktmanagement. Durch Formate wie FOAF (Friend Of A Friend) oder OWL (Web Ontology Language) wird maschinenlesbarer Code generiert, welcher die Voraussetzung für Computer schafft, Benutzer zu verlinken. Der nächsten Kategorie, „**Social Tagging and Folksonomies**[17]“, wird Social Bookmarking (siehe Kapitel 3) zugerechnet. Darüber hinaus auch das Suchen und Teilen von Fotos und Weblog-Einträgen, über die vom User vergebenen Tags. Die dritte Unterkategorie ist „**Time and Proximity Management**[18]“, was auf Seiten zutrifft, die Kalender- oder Event-Sharing-Funktionen oder geografisches Locationmanagement betreiben. Eine

[16] Beispiele: www.friendster.com oder www.xing.com

[17] Beispiele: http://del.icio.us oder www.flickr.com

[18] Beispiele: www.rsscalendar.com oder www.events.org

eindeutige Zuordnung ist trotz der feinen Aufgliederung nicht immer möglich, wie das Beispiel „Plazes[19]" veranschaulicht, wo zwei Services ineinander greifen. Diese Webseite wird sowohl als Networking Site verstanden sowie durch ihre Funktion als „Location Tracker", dem Time and Proximity Management zugerechnet (Avram, 2006, 3f). Avrams letzte Systemgruppe der Social Network Services (siehe Abbildung 2) wird bei Richter & Koch nochmals unterteilt und es ergibt sich im Vergleich dazu die Aufstellung nach Abbildung 3.

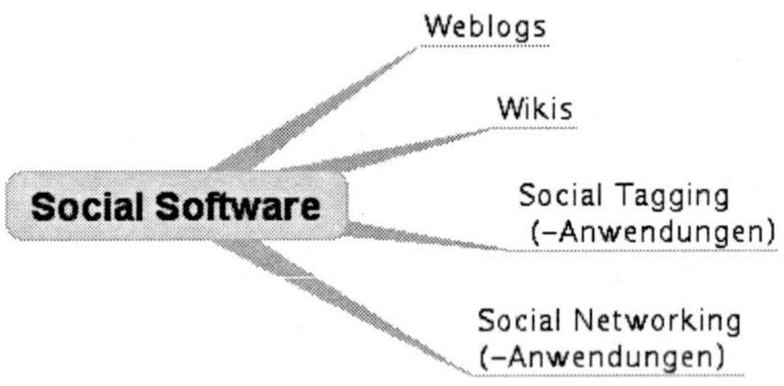

Abbildung 3: Arten von Social Software (Quelle: eigene Darstellung in Anlehnung an Richter & Koch, 2007, p. 11f)

Auch Szugat et. al. verfolgen eine Aufteilung im letzteren Sinne, an die auch dieses Buch angelehnt ist, da Social Networking Sites oftmals bereits Funktionen des Community- und Locationmanagements enthalten (Szugat et. al., 2006, p. 18). Diese Anordnung ist allerdings auch fraglich, wenn man den Ausführungen des Interviewpartners Gupta (2007) folgt, der diese Arten aus Social Bookmarking-Sicht beleuchtet und der Meinung ist, dass Social Networking aus Social Tagging Anwendungen resultiert. Auch Avram (2006, p. 3) bestärkt diese Ansicht in ihren Ausführungen dadurch, dass auf Foto- oder Musikplattformen[20] auch Networking-Mechanismen integriert sind und Community-Bildung unterstützt wird. In umgekehrter Weise beschreibt der Interviewpartner Schuster (2007), am Beispiel

[19] unter: http://beta.plazes.com/ Die Plazes-Webseite lokalisiert automatisch den Standort von angemeldeten Nutzern und verbindet so, in der Nähe befindliche, Leute und Plätze.

[20] Beispiele: Flickr (http://www.flickr.com/), Kazaa (http://www.kazaa.com/us/index.htm) oder Phlog (http://phlog.net/)

„Xing", diesen Zusammenhang. Xing, erklärt er, ist eine Webseite, die vorrangig dem Kontaktmanagement dient, aber auch die Verschlagwortung des Inhaltes unterstützt. Das Profil „ich biete" oder „ich suche" kommt einer Tagging-Funktion gleich, die allerdings nicht so benannt und verstanden wird. Die Folge ist, dass ganze Sätze in die Tag-Zeile eingetragen werden und das Auffinden von sinnvollen Ergebnissen meist aussichtslos ist. Es wird daraus abgeleitet, dass diese beiden letzten Kategorien nach Richter & Koch in enger Beziehung stehen und einander in vielen Social Software Anwendungen ergänzen.

3 Social Bookmarking

Das grundlegende Prinzip der Sammlung und Speicherung von Lesezeichen[21] ist bereits allen Internetusern durch die Funktion im Browser ein Begriff. Social Bookmarking stellt daher keine komplett neue Anwendung dar, sondern ist in diesem Sinne eine ins „WWW verlagerte Funktion von Firefox, Internet Explorer & Co".

3.1 Vergleich mit traditionellem Bookmarking

Mit untenstehender Grafik (Abbildung 4) soll der Unterschied und die Weiterentwicklung von Social Bookmarking gegenüber herkömmlichen Favoriten-Sammlungen veranschaulicht werden.

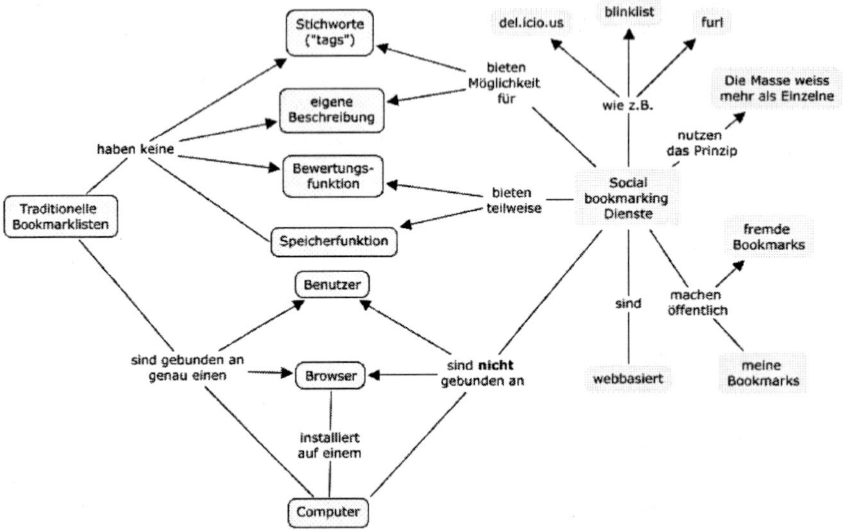

Abbildung 4: Vergleich von traditionellen Bookmark-Listen mit Social Bookmarking (Quelle: Bächle, 2006a)

[21] Die Begriffe „Lesezeichen", „Bookmarks" und „Favoriten" werden in dieser Arbeit synonym verwendet.

Ein wesentlicher Vorteil liegt in der Verfügbarkeit der webbasierten Lesezeichen[22], wohingegen traditionelle Bookmark-Listen[23] „in der Regel lokal abgespeichert werden und genau einem Browser auf genau einem Computer zur Verfügung stehen" schreibt e-teaching.org (2006, p. 7). Des Weiteren wird bei Social Bookmarking die „Intelligenz der Masse" (siehe Kapitel 3.5) genutzt und Features, wie Beschreibung, Bewertung und Gruppenbildung erleichtern die Organisation und Suche.

Aus dem Bekanntheitsgrad der traditionellen Favoriten-Sammlungen im Browser verspricht sich auch die Firma Connectbeam[24] einen Vorteil. Gupta (2007) spricht hier im Interview von einem „handshake to the past", welcher den Nutzenden den Einstieg erleichtert, da es sich bei Social Bookmarking um keinen komplett neuen Weg der Informations- und Wissenssammlung handelt. Auch für den Gesprächspartner Schuster (2007) ist eine eindeutige Verbindung zur Vergangenheit gegeben, da es bereits mit dem Netscape-Navigator möglich war HTML Files von herkömmlich gesammelten Lesezeichen zu exportieren. Diese wurden auf der eigenen Webseite hochgeladen und somit der Gemeinschaft zugänglich gemacht. Die Link-Liste ist demnach die Urform von Social Bookmarking, oder wie Schuster (2007) sagt, „die Mutter aller sozialen Publishing-Formate", ohne den Möglichkeiten der Organisationserleichterung und Community-Funktionen.

3.2 Definition

Obwohl viele Social Bookmarking Dienste mittlerweile eine gewisse Anhängerschaft gefunden haben und das Prinzip der „geselligen Lesezeichen" für Internetnutzer eine Alternative zum Auffinden interessanter Inhalte darstellt, gibt es keine einheitliche, allgemeingültige Definition dieser Social Software Anwendung. Die prinzipielle Idee hinter Social Bookmarking ist die Speicherung

[22] in der Abbildung in grün dargestellt

[23] in der Abbildung in grau dargestellt

[24] http://www.connectbeam.com

der Lesezeichen auf einer gemeinsamen Webseite und diese mit Schlagwörtern zu versehen. Um einen ersten Eindruck zu geben, werden einige Definitionen und Ausführungen von Autoren und Social Bookmarking Experten angeführt:

Bächle (2006b):

Social Bookmarking-Systeme dienen der Erfassung und Kategorisierung interessanter Links. Diese Sammlung von Bookmarks (Lesezeichen) wird allgemein zugänglich gemacht und mit anderen Benutzern des Tools[25] *verlinkt, die den gleichen Bookmark hinterlegt haben. Die eigenen Bookmarks werden auf einer Social Bookmarking-Site veröffentlicht. Die Software hat dabei folgende Aufgaben: Verschlagwortung („tagging"), Annotation sowie Verlinkung mit den Bookmark-Seiten anderer Benutzer des Systems, die das gleiche Lesezeichen gesetzt haben.*

Stöcker (2006):

Christian Clawien (Pressesprecher von Mister Wong) im Interview.

Erstens: Ich kann meine Internet-Lesezeichen online verwalten. So habe ich überall Zugriff darauf - nicht nur vom Browser zu Hause oder am Arbeitsplatz. Außerdem kann ich sie nach meinen eigenen Schlagworten kategorisieren, den sogenannten Tags. Zweitens: Wenn das tausende Nutzer tun, entsteht eine Art menschliches Suchverzeichnis. Eine Linksammlung, die häufig viel größere Relevanz hat als die Ergebnislisten klassischer Suchmaschinen.

Educause Learning Initiative (2005):

Social Bookmarking is the practice of saving bookmarks to a public Web site and "tagging" them with keywords.

Braly & Froh (2006):

Social Bookmarking Systems (SBS) are collaborative applications that allow users to save, access, share and describe shortcuts to web resources. Initially conceived as personal information management tools, they were

[25] engl. für Werkzeug (Art von Computerprogramm)

designed to function as centralized storage repositories to simplify the collection of bookmarks for users who browse the Internet with more than one machine in different locations. Later, systems such as the now archetypical del.icio.us added two key features: 1) description of bookmarks with arbitrary free keywords ("tagging"), and 2) sharing of bookmarks and tags across users.

Zusammenfassend kann gesagt werden, dass der Austausch von Favoriten eine nahe liegende Form von Social Software ist. Der prinzipielle Wert einer Social Bookmarking Anwendung ist **die „Information"**, bei der die Verwaltung und Organisation der eigenen Bookmarks mittels des **Tagging-Prinzips** (siehe Kapitel 3.5) im Vordergrund steht und erst im Anschluss der Abgleich mit anderen Nutzenden. Ein entscheidendes Qualitätsmerkmal ist dabei die **Häufigkeit mit der eine Seite gespeichert wurde**, da dies nicht mittels Programmen geschieht, sondern die Links von den Nutzenden selbst qualifiziert werden.

3.3 Entstehung und Überblick der Anbieter

3.3.1 del.icio.us

Ende 2003 eröffnete der Softwareprogrammierer Joshua Schachter die Webseite del.icio.us, um der Allgemeinheit die Organisation von Webadressen zu erleichtern. Bereits zwei Jahre zuvor registrierte er, dass er an einem Punkt angelangt war, an dem es schwer wurde den Überblick über seine enorme Linksammlung zu behalten. „You can't have more than 40 or 50 bookmarks. Otherwise, it becomes a huge pain to organize. And I had over 20,000 links" sagt Schachter im Interview mit Perez (2005). Er kreierte daher ein Programm, welches die Möglichkeit bietet, Links durch selbst gewählte Schlagwörter, sogenannten Tags, zentral zu speichern und wiederzufinden (Green & Hof, 2005). Aus der ursprünglichen webbasierten Lesezeichenverwaltung „unter Freunden" entstand im Jahr 2005 die del.icio.us Inc. mit Sitz in New York. Schachter gründete das Unternehmen um der wachsenden Nachfrage gerecht zu werden und hatte prominente Geldgeber wie Amazon und Netscape (Szugat et al., 2006, p.

70f). Noch im Jahr der Firmengründung kaufte das amerikanische Internetunternehmen Yahoo! Inc. das Social Bookmarking Tool für geschätzte 15 bis 30 Millionen US-Dollar (Schroll et. al., 2007, p. 98).

Mittlerweile teilen sich auf del.icio.us, einem der ersten und etabliertesten Social Bookmarking Services, über eine Million angemeldete Nutzende ihre Links. Dieses Service ist auch nach der Yahoo-Übernahme kostenlos zugängig und nur mit einer Registrierung verbunden (Lüke, 2007). Jeder User erhält danach eine eigene Seite auf der Plattform, auf der er seine Favoriten-Sammlung speichern kann. Wird ein Bookmark zur persönlichen Liste addiert, erhält der User die Information wie viele und welche Nutzenden dieses Lesezeichen bereits in ihre Sammlung aufgenommen haben. Auf dieser Plattform ist daher auch der Informations- und Wissenspool anderer Anwender zugänglich und jeder einzelne profitiert über die effizienten Such- und Navigationsfunktionalitäten vom Prinzip der kollaborativen Wissensgenerierung (siehe Kapitel 3.5.4).

3.3.2 Dienste im deutschsprachigen Raum

Das deutsche Pendant zu del.icio.us ist Mister Wong[26]. Dieser Dienst wurde im März 2006 gegründet und ziemlich genau nach einem Jahr wurde das millionste Lesezeichen auf der Plattform gespeichert. Die Grundidee dahinter war die Schaffung eines Portals in deutscher Sprache, da die „Eigensprachlichkeit“ beim Social Bookmarking von entscheidender Bedeutung ist. „Unterschiedliche Kulturen haben unterschiedliche Geschmäcker und die Deutschen finden vielleicht andere Filme gut oder haben einen anderen Humor“ merkt Clawien (2007) im Interview dazu weiter an.

Da laut „Zeit Online“ die webbasierten Lesezeichensammlungen zu den neuen WWW-Lieblingen zählen (Lüke, 2007) ist es nicht verwunderlich, dass es neben del.icio.us und Mister Wong eine Vielzahl von kleineren oder weniger bekannten

[26] http://www.mister-wong.de/

Social Bookmarking Diensten gibt. Hier daher eine Aufstellung von Torsten Rox, die sich auf deutschsprachige Services beschränkt.

Anbieter	Beschreibung
Alltagz.de	Scuttle-Basis (siehe Kapitel 3.4.3), Firefox-Erweiterung soll funktionaler sein als bei anderen Scuttle-Clones
CiteULike	Ein Dienst, der von Richard Cameron an der Universität Manchester entwickelt wurde, Zielgruppe: Akademiker
Ersatzreifen.de	Gründer: Matthias Müller sowie ein paar Studenten der Medieninformatik, kleines Portal, farblich etwas gewöhnungsbedürftig, aber klar gegliedert
Icio	Besteht seit Ende 2004 und ist somit eines der ersten Projekte mit deutschsprachiger Oberfläche, del.icio.us-Clone, klein, aber fein
Klickts?	Scuttle-Basis
Leze.de	Scuttle-Basis, derzeit recht zugespamt
Linkarena	hier gibt es einige Services nur gegen Bezahlung
Maodi	Scuttle-Basis
Mister Wong	Hat sich innerhalb eines Jahres zum größten Anbieter entwickelt
oneview	Hat auch RSS-Feeds, auf Mitglieder-Basis
Spurl	Erfordert eine englischsprachige Anmeldung, speichert aber eine Kopie
Taggle	Studentisches Projekt
Weblinkr.de	sieht auch aus wie auf Scuttle-Basis
Yahoo! Mein Web	Speichert als einziger Anbieter (neben Spurl) eine Kopie des Links

Tabelle 2: Social Bookmarking Anbieter (Quelle: Rox, 2007)

Dieser Anbieterliste ist noch hinzuzufügen, dass Taggle mittlerweile von Mister Wong gekauft wurde und mit 15. Februar 2007 seinen Dienst eingestellt hat (Mister Wong, 2007a). Generell ist anzumerken, dass der Markt in ständiger

Bewegung ist und sich die Landschaft der Anbieter fortwährend verändert. Diese Aufstellung spiegelt daher nur einen momentanen Stand der deutschen Services wider.

3.3.3 IBM und Connectbeam

Es gibt nicht bloß die im WWW frei verfügbaren und kostenlos zugänglichen Social Bookmarking Services (siehe Kapitel 3.3.1 und 3.3.2) am Markt, sondern auch direkt für Unternehmen konzipierte Social Bookmarking Manager. Die Anzahl der Produkte ist allerdings viel geringer und beschränkt sich im Moment noch auf die Firmen IBM und Connectbeam. Das IBM Produkt Dogear unterstützt, als Teil von vier weiteren kollaborativen Werkzeugen, wie Profilen, Blogs, Aktivitäten und Communities, die Zusammenarbeit und Produktivität von Teams im Unternehmensintranet (IBM, 2007a). Mit dieser umfassenden Software „sollen die Mitarbeiter Verbindungen zu Arbeitsgruppen im Unternehmen, aber auch zu Partnern und Kunden knüpfen und Informationen auf einfache Art und Weise zugänglich machen" schreibt das PC Magazin (2007). Die Social Bookmarking Funktionen sind weitestgehend mit denen von öffentlichen Anbietern vergleichbar und differieren nur leicht in der Darstellung (siehe Kapitel 3.4.1 und 3.4.2).

Das amerikanische Unternehmen Connectbeam, welches im Sommer 2006 gegründet wurde, bietet ebenfalls Social Bookmarking Lösungen an. „Connectbeam Appliance" ist eine Stand-Alone-Software, welche auf größere Unternehmen mit eigener IT-Abteilung abzielt und im Netzwerk der Firma installiert wird. Eine schneller nutzbare Lösung bietet das Produkt „Connectbeam On Demand", welches ein gehostetes Service am Connectbeam Server ist. Seit Ende März 2007 zählt die Firma Honeywell mit einer unternehmensinternen Social Networking/Tagging Anwendung zu den ersten großen Connectbeam Kunden. Diese Lösung „will allow Honeywell employees to securely tag both Intranet and Internet content, to have relevant tags returned with (Google-powered) search results, and to see other users' tag collections" bestätigt McAfee (2007). Ebenso profitieren die 120.000 Mitarbeiter, welche über 95 Länder verstreut sind, von „knowledge discovery, research and sharing across the miles" postete Hoeg (2007) im eContent Blog.

Bemühungen von Social Bookmarking Anbietern im WWW gehen auch vermehrt in Richtung Unternehmensmarkt. Services wie alltagz[27] und Mister Wong sehen Potenzial für ihre Software im Unternehmenskontext und es werden zur Zeit verschiedene Modelle ausgearbeitet und mit Kunden verhandelt (siehe Kapitel 4.2.2).

3.4 Kennzeichen und Funktionsweise

3.4.1 Aufbau eines Bookmarks

Es lassen sich leichte Divergenzen im Aufbau eines Bookmarks bei unterschiedlichen Anbietern feststellen. Die Grundstruktur (siehe Abbildung 5, Abbildung 6 und Abbildung 7) eines online gespeicherten Favoriten ist jedoch größtenteils einheitlich und weist die folgenden Merkmale auf:

- **Titel** des gespeicherten Lesezeichens, welcher mit der betreffenden Webseite verlinkt ist.
- **Beschreibung** des gespeicherten Bookmarks (optional).
- Aufgliederung der frei vergebenen **Tags,** wovon jeder Tag wiederum ein Link zu einer Seite ist, wo alle Bookmarks mit diesem Tag gelistet sind.
- **Datum** wann das Lesezeichen abgespeichert wurde, der **Benutzername** des „Bookmarkers", welcher mit dessen Favoriten-Sammlung verlinkt ist und die **Anzahl der Benutzer** die den Link ebenfalls gespeichert haben.

[27] http://www.alltagz.de/

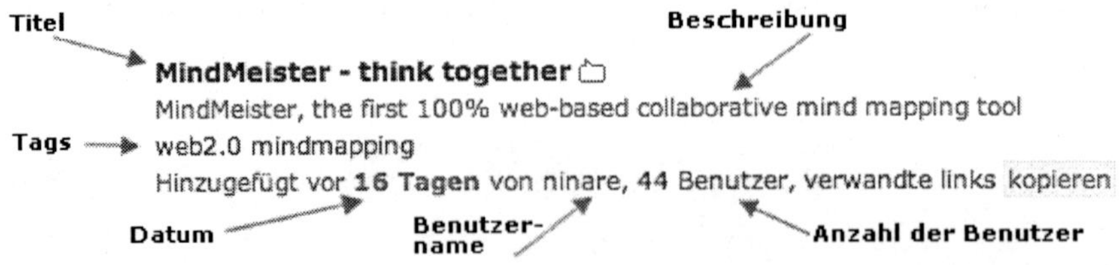

Abbildung 5: Aufbau eines Mister Wong Bookmarks (Quelle: Mister Wong, 2007c)

Abbildung 6: Aufbau eines del.icio.us Bookmarks (Quelle: del.icio.us, 2007a)

Die Struktur der Lesezeicheneigenschaften kann geringfügig variieren, was sowohl von der Länge der Beschreibung, der Anzahl der vergebenen Tags und der Einflechtung von Steuerungselementen wie „kopieren", „bearbeiten" oder „löschen" abhängt. Im Durchschnitt erstreckt sich ein gespeichertes Bookmark jedoch meist über 3 bis 4 Zeilen.

Einen etwas anderen, manchmal auch ausgedehnteren, Aufbau verfolgt IBM mit ihrem Social Bookmarking Service Dogear (siehe Kapitel 3.3.3), welches sich zur Zeit noch im Pre-Beta-Stadium befindet (IBM, 2007a). Ein auffallender Unterschied liegt in der Anordnung der Beschreibung, welche bei Dogear in der letzten Zeile steht und dem rechtsbündigen Arrangement der gewählten Tags. Diese werden, im Gegensatz zu öffentlichen Social Bookmarking Anbietern, untereinander aufgereiht, wie in Abbildung 7 ersichtlich ist.

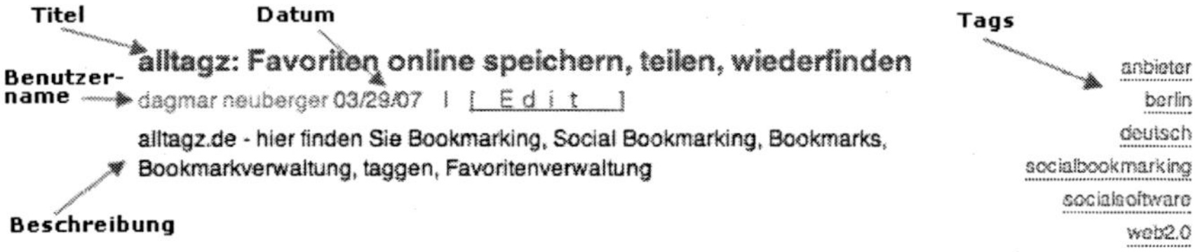

Abbildung 7: Aufbau eines IBM Bookmarks (Quelle: IBM, 2007b)

Der Platzverbrauch stimmt weitestgehend mit dem Durchschnitt überein, jedoch kann bei einer größeren Anzahl von vergebenen Tags die Liste recht lang werden. Außerdem kann die IBM-Software beliebig große Exzerpte ins Beschreibungsfeld aufnehmen und dort auch Grafiken speichern, wodurch die Struktur ebenfalls beeinflusst wird (Sommergut, 2006).

3.4.2 Nutzung einer Social Bookmarking Plattform

Um ein Lesezeichen bei einem Social Bookmarking Dienst[28] zu speichern, wird im Vorfeld eine Anmeldung auf der entsprechenden Plattform benötigt. Danach werden die jeweiligen Buttons in die Navigationsleiste gezogen und mit nur einem Klick können die gewünschten Favoriten zur eigenen Social Bookmarking Webseite addiert werden (siehe Abbildung 8 und Abbildung 9).

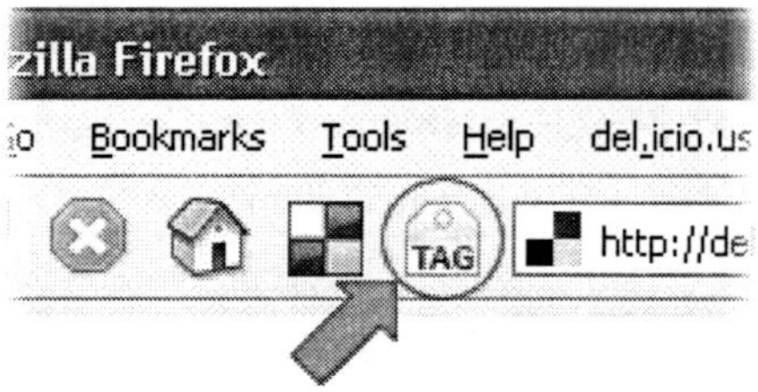

Abbildung 8: Social Bookmarking Buttons von del.icio.us (Quelle: Yahoo!, 2007)

[28] Die Beschreibung der Funktionsweise ist in diesem Buch ist an die führenden Anbieter del.icio.us (USA), Mister Wong (D) und an die Firma IBM (internationale Unternehmenssoftware) angelehnt.

Abbildung 9: Social Bookmarking Buttons von Mister Wong (Quelle: Mister Wong, 2007b)

Dieses Verfahren lässt sich auch auf das IBM Produkt Dogear anwenden, wenn das Werkzeug im Vorfeld gekauft und installiert wurde. Der eingeloggte User erhält ebenfalls einen Button (siehe Abbildung 10), welchen er in die Toolbar ziehen kann.

Abbildung 10: Social Bookmarking Button von IBM (Quelle: IBM, 2007c)

Bei der Erstellung ordnet der Nutzende dem Link eine Beschreibung und ein oder mehrere Schlagworte/Tags (siehe Kapitel 3.5) zu, welche ein späteres Wiederfinden erleichtern sollen. Es besteht auch die Möglichkeit ein Bookmark auf „privat" zu setzen, um es nicht mit der „ganzen Welt" zu teilen. Diese Funktion ist bei Mister Wong und Dogear beim Speichern eines Favoriten im System direkt ersichtlich, wohingegen del.icio.us eine Änderung in den Einstellungen verlangt. Ist eine Webseite von einem anderen Nutzenden bereits beim gewählten Social Bookmarking System eingetragen, werden die häufigsten Tags gleich zur Vergabe vorgeschlagen. Beim Produkt der IBM wird auch die Anzahl der User, die diesen Tag oder einen ähnlichen Tag verwendet haben, angezeigt (siehe Abbildung 11). Im angeführten Beispiel wird der Tag „blog" vergeben und bereits bei der Eingabe des zweiten Buchstabens erscheint die Drop-Down-Liste mit Tags der Anfangsbuchstaben „bl". Nutzende sehen nun, dass die Mehrheit, in diesem Fall 53 User, den Eintrag „blog“ im Singular gespeichert hat und folgen meist der am häufigsten gewählten Schreibweise.

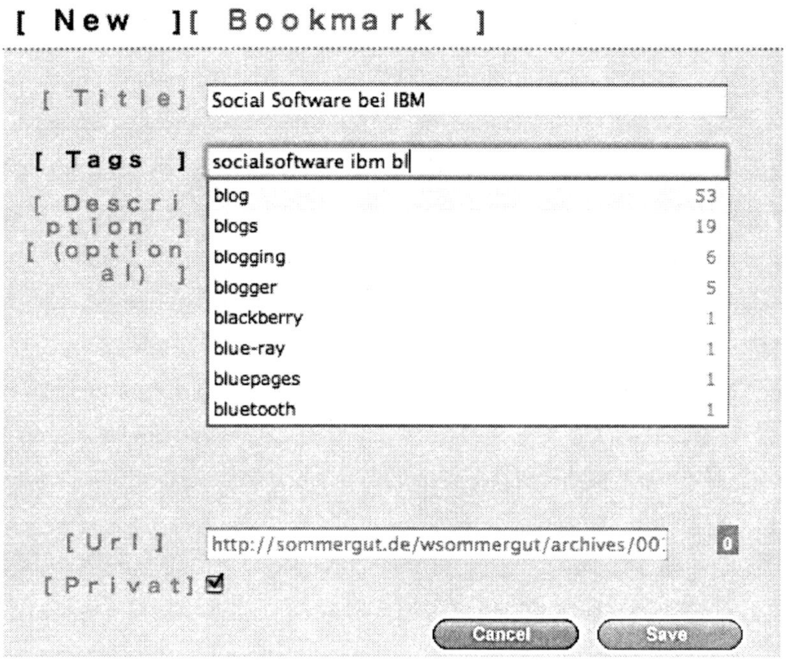

Abbildung 11: Anlegen eines Dogear Bookmarks (Quelle: IBM, 2007)

Ebenfalls ersichtlich ist die Übereinstimmung von gängigen Tags eines Links mit den eigenen bereits verwendeten Schlagwörtern innerhalb des Systems. Nachträgliches Bearbeiten oder Löschen eines Favoriten sowie der vergebenen Tags selbst, ist jederzeit möglich. Droht dem eigenen Ordnungssystem ein gewisses Chaos, da die webbasierte Lesezeichensammlung bereits eine hohe Linkanzahl aufweist, sorgen sogenannte „Tagbundles“ für mehr Überblick. Diese erlauben das Gruppieren von Links zu einem bestimmten Thema und das Auf- und Zuklappen der angelegten Kategorien.

Weitere interessante Funktionen sind der Import bzw. Export von Lesezeichensammlungen aus anderen Systemen und die Netzwerkfunktion, welche das Erstellen und Abonnieren einer Nutzergruppe zu einem bestimmten Thema zulässt. Diese Gruppenfunktion ist auch ein denkbarer Ansatz für die Verwendung und den Einsatz einer öffentlichen Social Bookmarking Plattform im Unternehmenskontext. Eine Firma erstellt eine private, oder wenn gewollt auch öffentliche Gruppe, um dort Lesezeichen der Organisation zu speichern. Das Unternehmen FON[29], weltweit die größte WiFi (WLAN) Community, nutzt dieses Service auf Mister Wong unter dem, für alle zugänglichen, User-Namen „foneros[30]" berichtet Clawien (2007) im Interview. Dies ist eine kostenlose Möglichkeit Social Bookmarking im Unternehmen einzusetzen, allerdings ohne unternehmensspezifische Einbindung in andere Systeme und oftmals ausreichender Vertraulichkeit und Integrität des Systems. Weiters besteht meist die Möglichkeit Linklisten einzelner User oder Gruppen als RSS-Feed (siehe Kapitel 2.2.3) zu abonnieren, um über laufende Neuerungen informiert zu sein. Bei der Weiterentwicklung von Mister Wong wird einerseits darauf geachtet, dass Funktionen für die breite Masse sinnvoll sind und andererseits wird auch die „Nerd-Klientel[31]" nicht außer Acht gelassen erklärt der Gesprächspartner Clawien (2007). Es gibt eine Reihe nützlicher Erweiterungen für die einzelnen Social Bookmarking Systeme. Für gestresste del.icio.us User gibt es zum Beispiel die Erweiterung „Später lesen mit del.icio.us", wo gefundene Artikel mit „read_later" getaggt werden, um diese zu einem späteren Zeitpunkt schneller zu finden und nicht zu vergessen. Durch „Foxylicious", einer Firefox-Browser-Extension, besteht die Möglichkeit die Lesezeichen von del.icio.us mit dem Browser zu synchronisieren und diese dadurch auch offline zur Verfügung zu haben (Hirsch, 2005).

3.4.3 Technologie

Aufbauend auf einer MySQL Datenbank wird die webbasierte Lesenzeichensammlung Mister Wong mit den Programmiersprachen PHP und

[29] http://www.fon.com/de/

[30] http://www.mister-wong.de/user/foneros/

[31] auch: Computerfreak

JavaScript realisiert. Teilweise kommt auch das Ajax-Prinzip (siehe Kapitel 2.2.3) zum Einsatz. Grundsätzlich kann daher festgehalten werden, dass die Technologie hinter einer Social Bookmarking Plattform nicht sehr komplex ist und standardisierte Web-Techniken ihre Anwendung finden, erklärt Clawien (2007) im Interview. Diese Ansicht vertritt auch die Educause Learning Initiative, die durch diesen Umstand auf eine niedrige Einstiegs- und Hemmschwelle in der Partizipation schließt, die sowohl für Social Bookmarking Anbieter als auch auf User zutrifft (Educause Learning Initiative, 2005). Es besteht aber auch die Möglichkeit für „jedermann" einen eigenen Social Bookmarking Manager auf seinem Server zu installieren und zu betreiben. Hierfür gibt es eine umfassende Auswahl an Open Source Tools, wovon die meist verwendetste Software das Produkt „Scuttle[32]" ist, welches auf der Programmiersprache PHP basiert und umfangreiche Konfigurationsmöglichkeiten bietet. Auch Social Bookmarking Anbieter nutzen dieses Programm als Basis für ihre webbasierten Plattformen (siehe Tabelle 2). So auch die Firma skilldeal, die damit ihre alltagz-Plattform betreibt und Lösungen für ihre Kunden generiert. Diese basieren auf der Scuttle Software, welche der jeweilige Kunde lizenziert. Erst danach wird die Programmierung von skilldeal nach den Wünschen des Kunden durchgeführt.

Einsatz fand dieses Programm auch beim „Onomi" Pilotprojekt, welches Social Bookmarking über 6 Monate im Intranet der Firma MITRE[33] testete. Für die Untersuchung in der abgegrenzten Firmenumgebung wurde Scuttle aus Gründen der Erweiterbarkeit, bereits existierender Features und dem einfachen Installationsverfahren ausgewählt. Das Onomi-System, bestehend aus einem Apache Webserver und einer MySQL Datenbank, wurde durch Feedback der Nutzenden weiterentwickelt und modifiziert. Neue Funktionen, wie die Fähigkeit Bookmarks zu mailen, die Anzeige von Usern mit ähnlichen Profilen oder die

[32] http://sourceforge.net/projects/scuttle/

[33] http://www.mitre.org/, MITRE beschäftigt 6.500 Wissenschaftler, Ingenieure und Spezialisten für Luftfahrt, Verteidigung, Aufklärung und Unternehmensinnovationen.

Schnittstellen zu anderen Programmen mittels „SOAP (Simple Object Access Protocol)[34]", steigerten den Wert der Anwendung enorm (Damianos et al., 2006).

Dem Produkt Connectbeam Appliance, des amerikanischen Anbieters Connectbeam (siehe Kapitel 3.3.3), liegt laut dem Interviewpartner Gupta (2007) eine java-basierte Architektur zu Grunde und auf Scuttle wurde gänzlich verzichtet, „because it is to lightweighted and was not designed for scale and enterprise workflows". Basierend auf einer MySQL Datenbank läuft Connectbeam Appliance auf JBoss (Application Server) und Apache (Web Server). Unterstützt werden die Browser, Internet Explorer und Firefox. Bei der Konzeption des Produkts wurde das Hauptaugenmerk auf „information access rights, roles and relationships, integration into other enterprise applications and infrastructure, and more" gerichtet, sagt Gupta (2007) im Interview.

Mit der Softwareplattform, Lotus Connections (siehe Abbildung 12), verknüpft IBM eine ganze Reihe von Werkzeugen.

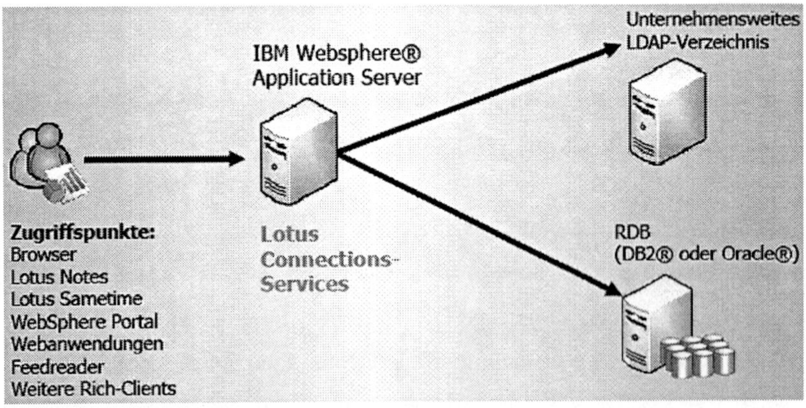

Abbildung 12: Basistopologie von Lotus Connections (Quelle: firmeninterne Präsentation, Rochovansky, personal communication, Mai 4, 2007)

[34] SOAP ist ein leichtgewichtiges XML-basiertes Nachrichtensystem für den Austausch strukturierter Informationen in einer dezentralisierten Umgebung wie dem Web (W3C, 2007)

Dies führt dazu, dass für den Einsatz von Dogear das ganze Applikations-Set zu installieren ist. Gespeicherte Dogear-Lesezeichen landen in einer relationalen Datenbank auf der eine „SOA (Service orientierte Architektur)“ aufsetzt und wovon die Lesezeichenverwaltung ein Baustein ist. Zwischen dem Betriebssystem, welches sowohl Windows, Linux, Unix, Mac OS als auch Solaris sein kann, und der Anwendung befindet sich Websphere (Application Server), welcher die Middleware[35] darstellt und auf dem Lotus Connections läuft. Zur Authentifizierung trägt ein unternehmensweites Metadirectory (kann ein LDAP-Verzeichnis sein) bei, in dem alle Personeninformationen gespeichert sind. Hierin liegt einer der bedeutendsten Unterschiede zu einer Social Bookmarking Plattform im WWW, da im „öffentlichen Raum“ keine Überprüfungsmöglichkeit der Identität des Gegenübers besteht.

Dogear ist kein monolithisches Programm, sondern wird als Service betrachtet, welches von anderen Applikationen wieder genutzt werden kann, berichtet Rochovansky (2007) im Interview. Dafür ist der Einsatz von Open Standards wie, XML, HTTP, JavaScript und Atom[36], äußerst hilfreich, da diese die Erweiterbarkeit erleichtern. Für die technische Installation wird ein Umsetzungszeitraum von 2 bis 3 Tagen genannt.

3.5 Tagging

3.5.1 Grundprinzip

Tagging[37], was soviel bedeutet wie, „Auszeichnen“, „Beschildern“ oder auch „Indexieren“ von Inhalten mit frei vergebenen Schlagwörtern[38], ermöglicht die

[35] Laut Wikipedia (2007b) werden als Middleware „anwendungsunabhängige Technologien, die Dienstleistungen zur Vermittlung zwischen Anwendungen anbieten“ bezeichnet.

[36] Ist laut Alby (2006, p. 204) „ein XML-Format, das die Nachfolge von RSS (siehe Kapitel 2.2.3) antreten soll“.

[37] auch: „Free Tagging“, „Social Classification“, „Collaborative Categorisation oder Tagging“ oder manchmal auch „gemeinschaftliches Indexieren“ genannt

[38] auch: Tags, Keywords, Metadaten oder Attribute genannt

Beschreibung von Informationsobjekten durch die Internetuser bzw. den „Bookmarker" (Smolnik & Riempp, 2006a, p. 21). Die Tags stellen die Verbindung zu den jeweiligen Ressourcen her, welche unter anderem Hyperlinks[39], Bilder[40], Weblog-Einträge[41], bibliographische Einträge[42], gemeinsame Vorsätze[43], Videos[44] oder Musik[45] sein können. Auch Golder und Huberman (2006, p. 198) beschreiben kollaboratives Tagging als „process by which many users add metadata in the form of keywords to shared content". Jedoch weisen Schuster und Rappold (2006, p. 195) darauf hin, dass „Tags in den wenigsten Fällen der Qualität entsprechen, die man sich von Metadaten[46] einer klassischen Definition nach erwarten würde". Dies ist sowohl auf die demokratische Vergabe der Tags durch „Amateure[47]" als auch auf die vielfältigen Funktionen, die Tags erfüllen, zurückzuführen. Laut der Aufstellung von Richter und Koch (2007, p. 24) sind das eine oder mehrere der folgenden Aufgaben:

- Beschreibung des Themas (z.B. mit dem Tag: „Medizin")
- Beschreibung des Objekts (z.B. mit dem Tag: „Weblog")
- Identifikation des Besitzers (z.B. mit dem Tag: „Oreilly-Webseite")
- Einordnung in eigene Kategorien (z.B. mit dem Tag: „AAA")
- Beschreibung einer Eigenschaft (z.B. mit dem Tag: „toll")
- Herstellung eines Selbstbezuges (z.B. mit dem Tag: „meinWeblog")
- Herstellung eines Aufgabenbezuges (z.B. mit dem Tag: „jobsearch").

---

[39] http://del.icio.us/

[40] http://www.flickr.com/

[41] http://www.technorati.com/

[42] http://www.citeulike.org/

[43] http://www.43things.com

[44] http://www.youtube.com/

[45] http://www.last.fm/

[46] Metadaten sind Daten, die den Inhalt anderer Daten beschreiben (Bertram, 2005, p. 26)

[47] im Gegensatz dazu: Sachverständige oder Experten (z.B. Bibliothekare)

Beschilderter Inhalt dient in erster Linie dem Erzeuger um sein eigenes individuelles Begriffs- und Ordnungssystem aufzubauen und der Community- und Sharing-Faktor ist nur ein beeindruckender „Nebeneffekt" davon. Dieser ist unter dem Kunstwort „Folksonomy" bekannt und beschreibt das Beziehungsnetzwerk, welches aus Tags, Benutzern und Ressourcen entsteht. Der Begriff wurde von Thomas Vander Wal ins Leben gerufen und wird aus der Verbindung der Worte „Folk" und „Taxonomie" hergeleitet. Vander Wal (2004) beschreibt Folksonomy als ein

> *result of personal free tagging of information and objects (anything with a URL) for one's own retrival. The tagging is done in a social environment (usually shared and open to others). Folksonomy is created from the act of tagging by the person consuming the information.*

Nicht außer Acht zu lassen sind die feinen Unterschiede in der Arbeits- und Vorgehensweise der mannigfachen Tagging-Systeme, die einer ständigen Weiterentwicklung unterworfen sind. Die deutlichste Abstufung liegt in der Tag-Vergabe, woraus sich umfassende und schmale Folksonomies ergeben. Für Social Bookmarking (z.B. del.icio.us oder Mister Wong) ist eine umfassende Folksonomy[48] zutreffend, da hier viele Nutzende eine Ressource auszeichnen. „You might have 200 people giving a set of tags to one object, which really gives a lot of depth.... No matter what you call something, you probably will be able to get back to that object" erklärt Vander Wal im Interview mit Terdiman (2005) den Vorteil des Netzwerkeffekts. Im Gegensatz dazu entsteht eine schmale Folksonomy[49], wenn nur eine eingeschränkte Usergruppe oder ausschließlich der Eigentümer zum Tagging berechtigt ist. Ein Beispiel hierfür ist Flickr, was Vander Wal bei Terdiman (2005) mit den Worten „you don't have quite that capability of the power curve[50], but you do have that ability of adding metadata to an object" kommentiert.

---

[48] auch: broad folksonomy genannt

[49] auch: narrow folksonomy genannt

[50] im Vergleich mit del.icio.us

3.5.2 Taxonomien

Vorweg sei gesagt, dass jede Struktur, die der Organisation von Informationen dienlich ist, ihre Stärken und Schwächen aufweist. Tagging ist mittlerweile ein sehr nützlicher und leicht verständlicher Weg geworden um Informationen im WWW „abzulegen“ und für einen späteren Gebrauch bereit zu haben. Darüber hinaus ist es, laut dem Interviewpartner Röll (2007), „das Beste was wir im Moment dafür haben“. So ist es auch nicht verwunderlich, dass „28 % of online Americans have used the Internet to tag content“ wie Weinberger im Interview mit Rainie (2007) über den revolutionären Weg der Wissensgenerierung und -teilung im Internet, berichtet. Dem gegenüber stehen Taxonomien[51], ein Neologismus aus „taxis“ (griechisch für Ordnung) und „nomia“ (griechisch für Verwaltung), der zuerst nur in der Biologie verwendet wurde. Diese Organisationsstruktur (siehe Abbildung 13) verfolgt einen Top-Down-Ansatz, der den Benutzern kontrolliertes Vokabular vorgibt und daher nicht, wie das Bottom-Up-Prinzip des Tagging, alle Sichtweisen und persönlichen Unterschiede mit einbezieht.

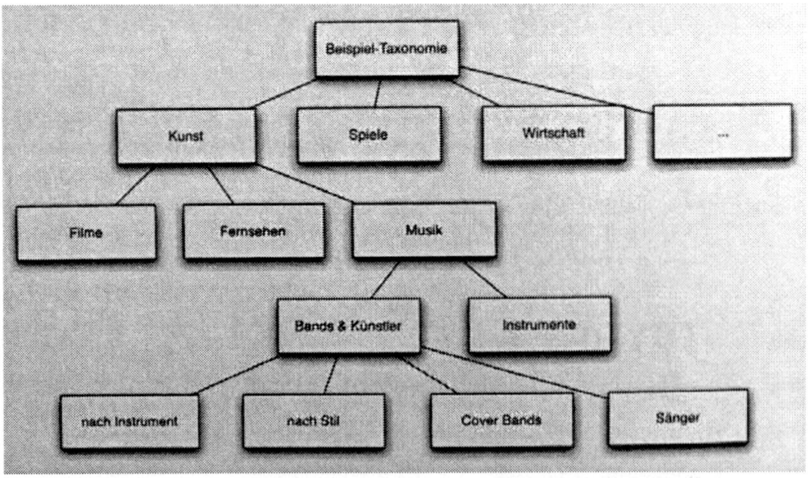

Abbildung 13: Ausschnitt aus einer Taxonomie (Quelle: Alby, 2006, p. 112)

[51] auch: festgelegtes hierarchisches Klassifikationsschema (Alby, 2006, p. 111)

Selbst wenn die Taxonomie vom Nutzenden eigenhändig angelegt wird, wie zum Beispiel die Datei-Struktur am eigenen Computer, ist es trotzdem schwierig abgelegte Dokumente, ohne zur Hilfenahme der Suchfunktion, wiederzufinden. Auf einem kollaborativen Fileserver in einem Unternehmen herrscht oftmals nach einem Jahr Chaos und keiner findet mehr etwas beschreibt Schuster (2007) im Interview das gängige Ordnungssystem. Jedoch geht „die Zeit in der Files and Folder unsere Paradigmen waren" laut dem Gespräch mit Schroll (2007) sowieso „dem Ende zu", da Informationen zu wertvoll sind, um unerreichbar abgelegt zu sein. Trotz dieser kritischen Betrachtungen gibt es Einsatzgebiete wo Taxonomien notwendig und nützlich sind und deren Geltungsbereiche über Fachverzeichnisse hinausgehen. Das „populärste" Internetbeispiel ist eBay[52], bei dem Verweise in mehr als eine Kategorie aufgenommen werden können und so dem Nutzer als polyhierarchische Anordnung[53] zur Verfügung stehen. Den Millionen von „Käufern", die täglich den weltweiten Online-Marktplatz aufsuchen, wird dadurch eine vielfältige Perspektive auf den Angebotsgegenstand ermöglicht (Alby, 2006, p. 114f).

3.5.3 Tag Clouds

„Tagging is bringing a new kind of order to the chaos of the Web" sagen Green & Hof (2005). Veranschaulicht dargestellt wird dies mittels den beliebten „Tag Clouds[54]", welche eine aggregierte Statistik der Benutzungshäufigkeit von Tags widerspiegeln. Diese Methode der Informationsvisualisierung (siehe Abbildung 14) setzt, durch die Erhöhung der Schriftgröße und Hervorhebung des Schrifttyps, die meist verwendetsten Tags deutlich vom Rest ab. (Rainie, 2007).

[52] http://www.ebay.com/, weltweit größtes Internetauktionshaus

[53] d.h. der untergeordnete Begriff kann mehr als einen direkt übergeordneten Begriff haben (Bertram, 2005, p. 156)

[54] auch: Weighted List und manchmal Wortwolke

Abbildung 14: del.icio.us Tag Cloud (Quelle: del.icio.us, 2007b)

Die Illustration kann sowohl alphabethisch (siehe Abbildung 14) also auch nach dem Aufmerksamkeitsgewicht (Tag-Größe) erfolgen. Die meisten Bookmarking Systeme lassen noch weitere Einschränkungsverfahren zu, um übersichtlichere Tag Clouds zu bieten. Die Benutzer von Dogear können mittels eines Schiebers[55] die sporadisch verwendeten Tags aus der Anzeige herausfiltern (siehe Abbildung 15) und bei Mister Wong gibt es einen zeitlichen Begrenzungsmechanismus (z.B. 3, 7 oder 30 Tagesansichten).

[55] gebräuchlicher: Slider

Abbildung 15: Gegenüberstellung: Anzeige der Filterergebnisse einer Dogear Tag Cloud (Quelle: IBM, 2007d)

„Tag clouds have become a popular method to support navigation and retrieval of tagged data“ sagen Kaser & Lemire (2007). Dadurch ist auch die Anzahl der Studien, die sich mit der Konstruktion und Optimierung von Wortwolken beschäftigen, angewachsen. Typischerweise wird Inline HTML[56] für die Anzeige an den Browser geschickt, das ist „a paragraph (block) made exclusively of inline HTML elements such as span, font, em, b, i, strong, a, and br“ erläutern Kaser & Lemire (2007). Auch hoch komplizierte Algorithmen und Formeln werden für die intuitive Aufbereitung eingesetzt. Demgegenüber stehen herunterladbare „selbstprogrammierte“ Scripts für die Integration in eine Webseite zur Verfügung. Weiters können auch Texte mittels Tag Clouds dargestellt werden, wie in Abbildung 16 ersichtlich. Hier wurde der Inhalt dieses Kapitels auf der Tagcrowd-

[56] Laut Wikipedia (2007a) unterscheidet HTML „zwischen Block- und Inline-Elementen. Der wesentliche Unterschied ist, dass erstere in der Ausgabe einen eigenen Block erzeugen, in dem der Inhalt untergebracht wird, während die Inline-Elemente den Textfluss nicht unterbrechen“.

Webseite[57] zu einer Weighted List konvertiert. Die so entstandene Begriffswolke kann als Bild zur besseren Übersichtlichkeit in ein Buch oder über den HTML Code in eine Webseite eingebettet werden[58].

Abbildung 16: Darstellung dieses Kapitels als Tag Cloud (Quelle: eigene Darstellung ermittelt über tagcrowd.com)

So hoch gelobt Tag Clouds auch werden, die negativen Punkte sollen ebenfalls in die Betrachtung miteinbezogen werden. Es sticht hervor, dass die Tag Clouds nicht besonders neuerungsfreundlich sind, da dem hohen, meist älteren Bestand an Tags immer ein vermehrtes Aufmerksamkeitsgewicht beigemessen wird, wenn dieser nicht aktiv herausgefiltert wird. „Das Änderungsdatum ist oftmals viel interessanter“, berichtet Schroll (2007) im Interview, „da wir heute immer mehr in Aktualitätshorizonten arbeiten“. Eine mögliche Lösung wäre das Verblassen der weiter zurückliegenden Tags, um so den Fokus genauer ziehen zu können. Am nächsten kommt dieser Vorstellung die IBM Lösung Dogear, wenn zusätzlich zur

[57] http://www.tagcrowd.com/

[58] Tagcrowd kann Bindewörter, Artikel usw. weglassen, wenn es sich um englischen Text handelt

Möglichkeit der Häufigkeitseinschränkung auch ein Zeithorizontschieber implementiert würde.

3.5.4 Kollaborative Wissensgenerierung

„Folksonomies treten an, um durch kollaboratives Wissensmanagement[59] die Probleme des zentral organisierten Top-Down Wissensmanagements zu beheben, die in starren Strukturen und aufwändiger Pflege begründet sind" erklären Schmitz et. al. (2006, p. 286) und das, obwohl in der Betrachtung des gesamten Web 2.0 Umfeldes, Wikis vorrangig als Wissensmanagement-Tool gesehen werden. Doch bei der Kompetenz- und Wissensverknüpfung spielt Social Bookmarking ebenfalls eine entscheidende Rolle, da mittels der effizienten Such- und Navigations-Funktionalitäten von Tagging-Mechanismen geschäftsprozessrelevante Informationsobjekte schneller verfügbar gemacht werden können. Die zeitnahe Identifikation von Wissensträgern oder Zusammenhängen vermeidet Fehler aus Unkenntnis und führt zu kürzeren Recherchezeiten. Dadurch dass, „Informationen von der gesamten Belegschaft mit entsprechenden Fachkenntnissen gesammelt werden, sind relevante Ergebnisse in einer relativ kurzen Trefferliste zu erwarten" bestätigt auch Schiller Garcia (2007, p. 93). Weiters entwickelt sich durch die Häufigkeitsgewichtung, die mittels einer Tag Cloud (siehe Kapitel 3.5.3) sichtbar gemacht wird, ein stabiles und aussagekräftiges Organisationsvokabular. Eine bessere Arbeitsunterstützung, Kostenreduktion und Qualitätssteigerung ist ebenfalls auf den effizienten Wissensaustausch zurückzuführen (Smolnik & Riempp, 2006a, p. 21ff). Die Firma IBM (siehe Kapitel 3.3.3) prognostiziert dies auch für ihr Produkt und macht hinsichtlich der Einsetzbarkeit keine branchenspezifischen

---

[59] Auch in Bezug auf den Begriff Wissensmanagement gibt es in der Literatur kein einheitliches Begriffsverständnis. Die Definition von Smolnik (2006b, p. 33) bedient sich der Primärquellen von [Nonaka/Takeuchi 1995], [Probst/Raub/Romhardt 1999], [Albrecht 1993], [Willke 2001] und [Pawlowsky 1994]: *Wissensmanagement* umfasst den systematischen Einsatz von Instrumenten der Organisation sowie Informations- und Kommunikationstechnologie für ein gezieltes Aufbauen, Verfügbarmachen und Anwenden von Wissen zum Erreichen wohldefinierter Prozess- und Organisationsziele.

Einschränkungen (PC Magazin, 2007). Durch die Subjektivität der Anwender, die dieser Form der kollaborativen Wissensgenerierung zu Grunde liegt, stehen Unternehmen vor der Entscheidung Aufwendungen in Kontrollmechanismen zu investieren oder „Regulationen der den Social Software Anwendungen innewohnenden Selbstorganisation zu überlassen“ sagen Smolnik & Riempp (2006a, p. 17).

Für das Wissensmanagement ebenfalls interessant ist die schon fast unvermeidliche Konvergenz von Semantic Web, welchem Ontologien[60] als zentrale Bausteine zu Grunde liegen, und Social Software[61], welche auf etwas weniger technischer Komplexität fußt. Die Veröffentlichung von Inhalten im Web haben jedoch beide Visionen gemein. Erste Versuche, in denen sich die zwei Bereiche komplementieren sind Projekte wie „Semantic Blogging Systems“ oder „Semantic Wikis“. Das durch Folksonomies gebildete Vokabular dient als Grundlage für die organisatorische Einführung von Semantic-Web-Technologien. Es gibt jetzt schon Visionäre die dadurch die Entstehung des „Metawebs“ oder „Web 3.0“ sehen (Schuster & Rappold, 2006, p. 195ff).

Zusammenfassung:

Wie in Abschnitt 3 beschrieben besitzen Tagging-Systeme und Folksonomies großes Potenzial die Informationsflut zu bewältigen, indem sie personalisierte Informationsspeicher und kollaborative Filtermechanismen etablieren, womit Wissen praxisnah identifiziert und strukturiert werden kann. Weiters entsteht durch die Einfachheit, Offenheit und Regellosigkeit des Tagging-Prinzips äußerst schnell hoher Nutzen für die Social Bookmarker, da diese Art von Social Software zur Erschließung des Informationsraums besser als traditionelle Favoriten-Sammlungen geeignet ist.

---

[60] Der nicht eindeutige Begriff „Ontologie“ unterstützt Maschinen dabei, Inhalte im Web interpretieren zu können.

[61] Enthält auch Aspekte des semantischen Web, wie z.B. das Format FOAF (siehe Kapitel 2.3.3)

4 Social Bookmarking im Unternehmenskontext

Einige Unternehmen ermöglichen ihren Mitarbeitern bereits die Nutzung von Web 2.0 Anwendungen, weit verbreitet sind Wikis, Weblogs und Social Tagging Anwendungen im unternehmerischen Umfeld jedoch nicht. Mittels problemzentrierter Interviews wird die Eignung von Social Bookmarking für Firmen erhoben werden.

4.1 Problemzentrierte Interviews

4.1.1 Auswahl und Vorgehensweise

Die Methode, von der in dieser Arbeit Gebrauch gemacht wurde, beruht auf einem qualitativen Forschungsparadigma, welches die Genese von Theorien unter wissenschaftlicher Kontrolle als eines der vorrangigsten Ziele ansieht (Lamnek, 2005, p. 347). Um realitätsgerechtere Befunde des Untersuchungsgegenstandes zu erhalten, wurde eine Prädetermination durch die Forscherin gering gehalten. Folglich wurde daher kein vorab formuliertes Konzept an die befragten Personen herangetragen, sondern die Datenerhebung auf einen teilstrukturierten Gesprächsleitfaden gestützt. Die offen gehaltene Abfolge der Fragen bot der Interviewerin genügend Freiraum für Reaktions- und Nachfragemöglichkeiten auf die Aussagen der Befragten, um so deren Sichtweise näher zu kommen. Bei der Erfassung der Wirklichkeitsdefinition des Gesprächspartners wurde auf Prinzipien wie Offenheit, Prozesshaftigkeit, Explikation und Flexibilität geachtet. Ebenso war die Herstellung einer Kommunikationsbeziehung mit dem Interviewten ein vorrangiges Anliegen in den Gesprächen (Lamnek, 2005, p. 20ff).

Beim problemzentrierten Interview geht der Forscher nicht ohne jegliches theoretisch-wissenschaftliches Vorverständnis in die Erhebungsphase. Im Gespräch selbst steht die Konzeptgenerierung im Vordergrund und die Relevanzsysteme der Betroffenen determinieren den Ablauf und das Ergebnis. Die Interviews fanden, wenn irgendwie möglich, im alltäglichen Milieu der beforschten Personen statt, um laut Friedrichs (1973, p. 224) „genaue

Informationen vom Befragten mit besonderer Berücksichtung seiner Perspektive, Sprache und Bedürfnisse zu erlangen". Auch Lamnek (2005, p. 396) bestätigt, dass die Lebensnähe und Alltagssituation für qualitative Interviews von großer Bedeutung sind.

4.1.2 Gesprächsleitfaden, Befragung und Auswertung

Für die problemzentrierten Interviews, welche die hauptsächliche Datenbasis für das 4. Kapitel des vorliegenden Buches bilden, wurde im Vorfeld ein thematischer Gesprächsleitfaden erstellt. Dieser ist ein wesentliches Instrument der qualitativen Datenerhebung und diente als Gliederungshilfe und Orientierungsrahmen während der Gespräche. Weiters bot der Leitfaden die Möglichkeit die Interviews immer wieder in die gewünschte Richtung zu lenken und relevante Aspekte und wichtige Fragestellungen zu berücksichtigen. „Wesentlich bei Leitfadengesprächen ist die Fähigkeit der oder des Forscher(s), zentrale Fragen im geeigneten Moment zur Diskussion zu stellen" sagt auch Flick (2006, p. 157), um so die Einbringung von neuen oder unerwarteten Aspekten zu gewährleisten und vertiefende Zusammenhänge zu explorieren.

Der Leitfaden fokussierte demzufolge die vier groben Themenkomplexe:

- Unternehmen und Betätigungsfeld des Befragten,
- Web 2.0 und Social Bookmarking,
- Social Bookmarking im Unternehmen und
- Trend/Vorschau.

Diese Bereiche splitten sich in jeweils mehrere Unterfragen auf (siehe Anhang 8), welche aber nicht in allen Gesprächen zum Tragen kamen und keiner spezifischen Abfolge unterlagen. Zu Beginn wurde der Interviewende nochmals kurz über Zweck und Gegenstand des Gesprächs aufgeklärt, doch alle Personen waren durch die Schilderungen während der Kontaktaufnahme bereits ausführlich informiert. Um eine adäquate Datenerfassung der Einzelbefragungen zu gewährleisten, wurde eine Audioaufnahme des Gespräches gemacht und zusätzlich ein Postskript angefertigt. Die Transkription, der zwischen 1 und 2 Stunden dauernden Befragungen, wurde unmittelbar nach der Aufzeichnung vorgenommen. Nach abgeschlossenen Korrekturmaßnahmen wurden zentrale Passagen hervorgehoben und zu einem konzentrierten Text zusammengekürzt. In weiterer Folge wurde nach Gemeinsamkeiten und typischen Tendenzen innerhalb aller reduzierten Dokumente gesucht. Sowohl die Berührungspunkte als auch Gegensätzlichkeiten wurden erfasst und in strukturierte Ergebnisthematiken eingeteilt und teilweise grafisch aufbereitet.

4.1.3 Auswahl der Gesprächspartner

Um einen möglichst umfassenden Einblick in die Social Bookmarking Thematik zu geben, wurden sowohl vier Social Software Experten als auch vier Social Bookmarking Anbieter interviewt. Die letzteren können nochmals in Betreiber einer Plattform, wozu Mister Wong und alltagz gehören, und Anbieter einer Social Bookmarking Lösung, wozu die IBM und Connectbeam gehören, unterteilt werden. Weiters ist zu sagen, dass es grundsätzlich eine Einschränkung auf den deutschsprachigen Raum gibt, diese jedoch um die rein amerikanische Firma Connectbeam erweitert wurde. Die Wahl des US-Anbieters liegt darin begründet, dass, abgesehen von der IBM, nur noch Connectbeam eine Lösung für den Unternehmensmarkt anbietet.

Social Software Experten:

- Thomas N. Burg, Geschäftsführer bei factline, Gründer des Social Software Labs, Wien
- Martin Röll, Unternehmensberater, Social Software & Web 2.0 in Intranet und Unternehmenskommunikation, Dresden
- Willi Schroll, Research Analyst bei Z_punkt GmbH (The Foresight Company), Berlin

- Michael Schuster, Head of Products and Services, System One Gesellschaft für technologiegestützte Kommunikationsprozesse m.b.H., Wien

Social Bookmarking Anbieter:

- Michael Bona, Vorstand der skilldeal AG, Betreiber der Plattform alltagz, Berlin
- Christian Clawien, Pressesprecher der construktiv GmbH, Betreiber der Plattform Mister Wong, Berlin
- Puneet Gupta, Chief Executive Officer von Connectbeam Inc., Redwood City
- Anton Fricko, EMEA Program Manager for jStart Emerging Technologies, IBM GmbH, Wien

4.2 Ergebnisse der Interviews

4.2.1 Aktueller Stand von Social Bookmarking

Um einen Ausgangspunkt für alle weiteren Ergebnisse und Erkenntnisse über Social Bookmarking zu schaffen, wurde mit den Interviews versucht einen möglichst wirklichkeitsgetreuen und zeitnahen Ist-Stand dieser Anwendung im Unternehmenseinsatz zu ermitteln. Die Frage, ob Social Bookmarking bereits Bestandteil des Arbeitsalltages ist, wurde sowohl von Social Software Experten als auch den Anbietern verneint. Vorsichtige Schätzungen geben an, dass 5 % der Internetuser Social Bookmarking nutzen, diese Zahl sich bei Firmen um einiges vermindert bis ganz wegfällt sagt Bona (2007) im Interview. Auch wenn die Altersgruppe der „bis 30 Jährigen" wesentlich technikfreundlicher und web-affiner eingestellt ist als noch die Generation zuvor: die Anzahl der so genannten Digital-Immigrants übersteigt noch bei weitem die der Digital-Natives berichtet der Befragte Schuster (2007). Ähnlich verhält es sich bei Unternehmen. Firmen deren IT- und Organisationsstrukturen schon auf Grund des unternehmenskulturellen Leitbildes und des Unternehmensgegenstandes eine offene Haltung gegenüber Social Software einnehmen und solchen, die noch eher klassisch und traditionell aufgestellt sind. Die Firma Honeywell, ein Mischkonzern und einer der Hauptlieferanten der Flugzeugteile für Airbus und Boeing, ist seit Ende März 2007 ein Kunde von Connectbeam (siehe Kapitel 3.3.3). Die untenstehende Abbildung 17 zeigt die Bookmark-Sammlung des Honeywell Mitarbeiters Hoeg, welcher als Manager für „Technical Education & Engineering Information Services" die Einführung von Social Bookmarking in leitender Funktion mitgetragen hat.

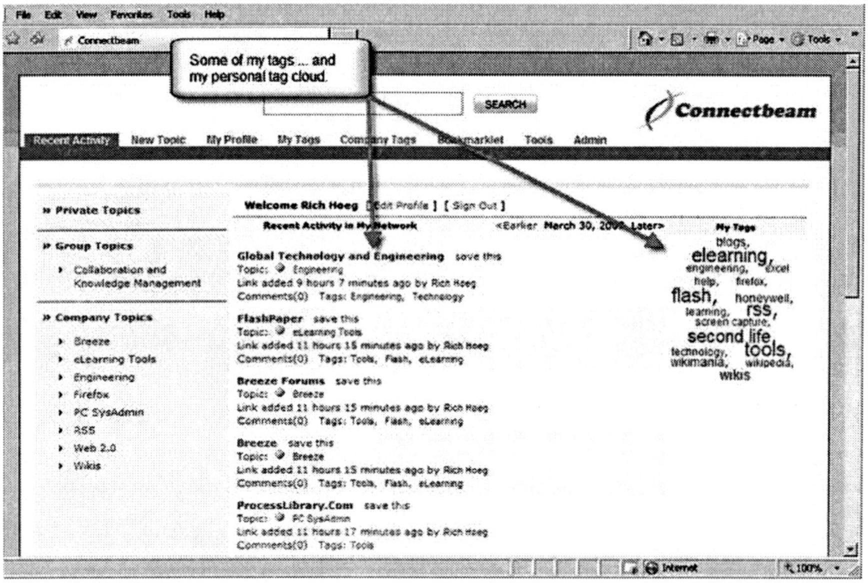

Abbildung 17: Connectbeam im Einsatz bei Honeywell (Quelle: Hoeg, 2007)

Am deutschsprachigen Markt konnte, unter allen 7 Befragten, kein Kunde identifiziert werden, was zur Annahme führt, dass in den USA Corporate Bookmarking um einiges weiter fortgeschritten ist. Diesen Verbreitungsvorsprung unterstreicht auch Gerick (2006), da er „Deutschland im Vergleich zu den USA noch als Entwicklungsland" in der Social Software Nutzung sieht. Der mäßige Einsatz von Social Bookmarking im Unternehmen liegt unter anderem darin begründet, dass dieses Konzept im Unternehmenskontext noch relativ unbekannt ist. Des Weiteren gibt es zur Zeit nur „Connectbeam Appliance" am Markt, welches die unternehmensspezifischen Anforderungen und notwendigen Sicherheitskriterien, wie Skalierbarkeit oder Ausfallsicherheit, erfüllt. Das IBM Produkt Lotus Connections, welches Dogear beinhaltet und seit 2005 gemeinsam mit Beta-Kunden getestet und entwickelt wird, ist erst ab der 2. Jahreshälfte 2007 erhältlich, bestätigt Fricko (2007) im Interview.

Fakt ist, dass sich die meisten Firmen noch mit dem Thema Weblogs auseinandersetzen und diese Form der Social Software erstmals für sich ausloten. Dennoch wird von allen Interviewpartnern prognostiziert, dass sich sukzessive immer mehr Unternehmen mit Social Bookmarking beschäftigen werden und man sich im Moment in der Phase befindet, in welcher „der Boden dafür gelegt" wird, fügt Clawien (2007) im Interview hinzu. Bei Weblogs hat es ungefähr 3 bis 4 Jahre gedauert bis Unternehmen dieses Werkzeug aufgegriffen und verstanden haben. Dies wird bei Social Bookmarking nicht viel anders eingeschätzt. Firmen die sich schon jetzt mit diesem Thema auseinandersetzen, fungieren als Wegbereiter und nehmen eine Vorreiterrolle ein.

4.2.2 Potenzial „Unternehmenslösung"

Seitens der Befragten gibt es eine Reihe von unterschiedlichen Konzepten und Geschäftsmodellen, um der webbasierten Favoriten-Sammlung auch den Weg ins Unternehmen zu ebnen. Generell kann jedoch festgehalten werden, dass die Mehrheit (6 von 8 Interviewpartnern) einer integrierten Lösung „à la IBM" (siehe Kapitel 3.3.3) bessere Marktchancen einräumt. Die Implementierung einer Stand-Alone-Variante (siehe Kapitel 3.3.3) wird für problematisch gehalten, da Social Bookmarking als Teil einer Gesamtstrategie gesehen wird, welche durch die Kombination aller Social Software Arten ihr größtmögliches Potenzial entfalten kann.

Unabhängig von den Marktchancen können 3 generelle Unternehmenslösungen unterschieden werden:

Unternehmenslösung	Beschreibung
1) Integrierte Gesamtlösung oder „Business Social Networks"	Installation eines eigenen Produkts im Firmennetzwerk, Social Bookmarking ist ein Teil von vielen kollaborativen Werkzeugen
2) Stand-Alone-Lösung oder „Social Bookmarking Manager"	Installation eines eigenen Produkts im Firmennetzwerk, Social Bookmarking steht im Vordergrund und ist kein Werkzeug unter vielen
3) Gemietetes System am Server des Anbieters oder „Social Bookmarking On Demand"	Keine Installation erforderlich, der Anbieter stellt Platz auf seinem Server zur Verfügung und betreibt die Anwendung in einer, vom restlichen Datenbestand, getrennten Umgebung, eine sozusagen „schlüsselfertige" Anwendung

Tabelle 3: Unternehmenslösungen für Social Bookmarking

Das erste Produkt vereinheitlicht alle auch im Internet frei verfügbaren Anwendungen, wie Bloggen, Taggen, Netzwerken, RSS und anderes mehr, zu einer kollaborativen Unternehmenslösung, welche über den wesentlichen Vorteil der Authentifizierung der Benutzer verfügt, da eine Verbindung zum Datenverzeichnis (meist einem LDAP-Verzeichnis, siehe Abbildung 12) der Firma besteht. Auch Burg (2007) sagt im Interview, dass sich „ein sozusagen Blogging-Wiki-Tool, das auch Bookmarken kann" am besten für den Unternehmenseinsatz eignen würde. Die zweite Form stellt eine hinter der Firewall installierte Software dar, welche dem Managen von Bookmarks und dem Bilden von sozialen Netzwerken dient. Auch die dritte Variante unterstützt die gleichen Funktionen, ist aber nicht im Firmennetzwerk installiert, sondern am Server des jeweiligen Anbieters. Letztere Art von Social Bookmarking Lösung ist vor allem für Firmen interessant, die über keine eigene IT-Abteilung verfügen, da durch die schlüsselfertige Anwendung kein zusätzlicher Aufwand für das Unternehmen entsteht.

Geschäftsmodelle, die von Betreibern einer Bookmarking Plattform im WWW anvisiert werden, fallen in die 2. und 3. Kategorie der Unternehmenslösungen. Hier wiederum wurden 3, im Moment zur Diskussion stehende, Ansätze identifiziert (siehe Abbildung 18).

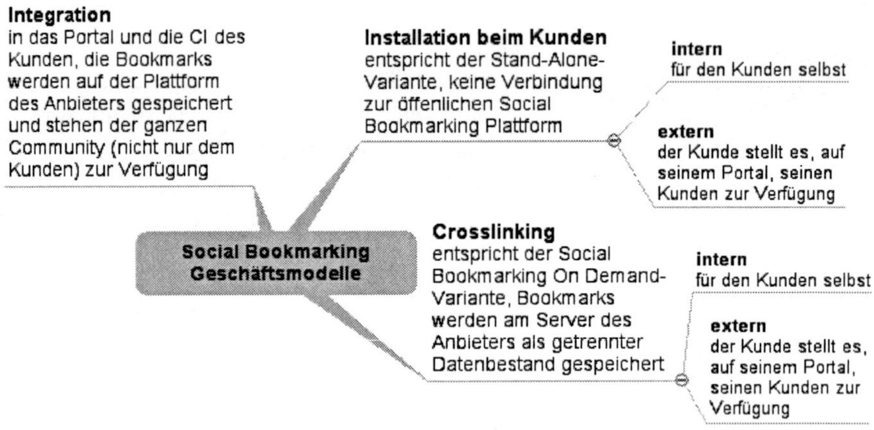

Abbildung 18: Geschäftsmodelle der Social Bookmarking Anbieter

Das Integrationsmodell ist zwar die interessanteste, zugleich aber auch die am schwierigsten umzusetzende Variante der vorgestellten Ansätze. Hierbei wird die Social Bookmarking Software in die Webseite des Kunden, zum Beispiel auf einem Auto-Portal, implementiert. Die Besucher des Auto-Portals haben die Möglichkeit, durch das vorhandene Social Bookmarking Feature[62], ihre Links dort direkt zu speichern, ohne dabei die Auto-Webseite zu verlassen. Abgelegt werden die Lesezeichen auf dem Server des Social Bookmarking Anbieters, welcher, die so gesammelten Favoriten und vergebenen Tags, all seinen Nutzenden zur Verfügung stellen kann. Um den Datenbestand der Spezialisten eines bestimmten Portals (z.B. Auto-Portal) nicht zu „verwässern“ und eine hohe Qualität der Ergebnisse zu garantieren, besteht die Möglichkeit die Suche auf die am Portal entstandenen Bookmarks einzuschränken. Der Unterschied zum externen

[62] Ebenfalls ein Button, wie auf einer Social Bookmarking Plattform, der in die Navigationsleiste gezogen wird. Die Gestaltung des Buttons wird ebenfalls im Design des Portals vorgenommen.

Crosslinking-Geschäftsmodell liegt in der Darstellung. Diese wird beim Crosslinking nicht im Design des Kunden (Auto-Portal) gestaltet, sondern im Layout des Social Bookmarking Anbieters. Allerdings ist noch keines der genannten Geschäftsmodelle umgesetzt. Die Entwicklung findet auf individueller Basis mit dem jeweiligen Interessenten, unter Berücksichtigung der spezifischen Firmenstruktur und des Unternehmensgegenstandes statt, berichteten die Interviewpartner Bona und Clawien (2007).

Neben den aufgezeigten Möglichkeiten für den Einsatz im Rahmen eines Unternehmens, stellen auch Werbemodelle und Kooperationen eine reelle Einnahmequelle für Betreiber von öffentlichen Social Bookmarking Plattformen im Internet dar. In den Gesprächen ebenfalls erwähnt wurde das Geschäftsfeld der Beratungsdienstleistungen, bei dem die Auswahl, Konzeption und Betreuung einer Social Bookmarking Implementierung als Service angeboten werden soll.

Zusammenfassend kann gesagt werden, dass die Intentionen der Anbieter sehr weitreichend sind und verschiedene Geschäftsmodelle bereits in Planung sind. Allerdings gibt es bis dato noch keine Referenzkunden im deutschsprachigen Raum. Alle 4 Anbieter haben, hinsichtlich einer Social Bookmarking Unternehmenslösung, eine positive Markteinschätzung abgegeben. Auch die Experten sehen eine positive Entwicklung für die kollaborative Wissensgenerierung. Es bevorzugen 6 von 8 Befragten die integrierte Gesamtlösung, auf welche die IBM Kunden, nach Aussagen des Interviewten Fricko (2007), bereits mit Spannung warten. In wenigen Monaten kommt das kollaborative Werkzeug, mit dem Namen Lotus Connections, auf den Markt, auch wenn zur Zeit noch kein Preis- bzw. Lizenzmodell vorliegt. „Customers are very satisfied and happy with Connectbeam. We are seeing a great demand for our products“ beschreibt der Gesprächspartner Gupta (2007) die Unternehmenssituation von Social Bookmarking. Diese betriebliche Sicht der Dinge bestätigt Bona (2007) im Interview, da er Social Bookmarking „nicht nur im Web, sondern auch langfristig im Unternehmen“ sieht, „aber es wird eben dauern“.

4.2.3 Vorteile für Unternehmen

Die Befragten zeigen sich bei den Nutzenpotenzialen, die sich für Unternehmen aus Social Bookmarking ergeben, weitestgehend einig und führen in erster Linie die „Erreichbarkeit“ und „Generierung von Neuem“ als bedeutendste Vorteile an (siehe Abbildung 19).

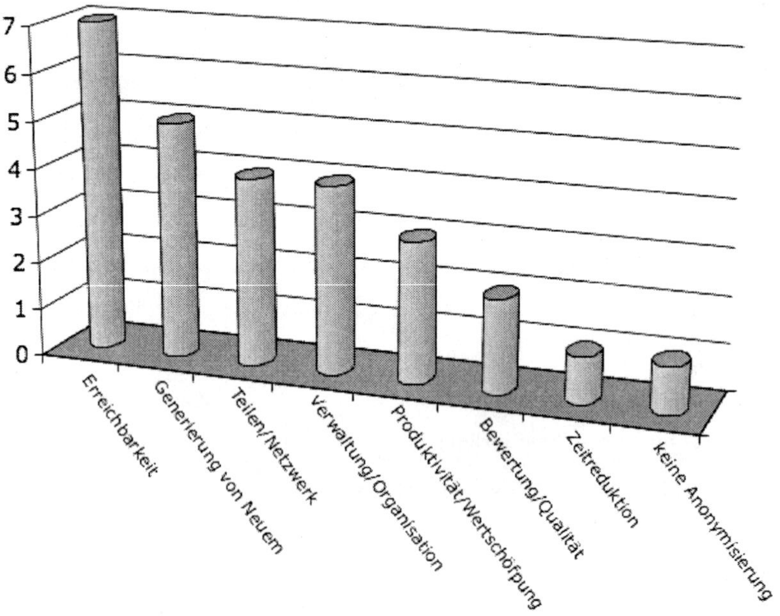

Abbildung 19: Übersicht der Vorteile

Der Überbegriff „Erreichbarkeit“ trifft sowohl auf das Wiederfinden von Informationen und deren Quellen zu als auch darauf, das Wissen der Mitarbeiter in permanente Form zu bringen. Informationsvorsprung und die Identifizierung von Wissen und Wissensträgern bilden hingegen die Grundlage der zweithöchsten Nennung. In der Literatur stellen der breite Zugang zu Informationen und der Netzwerkgedanke, welcher in den Interviews ebenfalls hoch bewertet wurde, eine der wichtigsten Faktoren für Social Bookmarking im Unternehmenseinsatz dar. „We are excited by the potential for using the dogear application to improve information sharing, expertise location, and support of communities of interest within the enterprise" bestätigen Millen et. al. (2005, p. 35) dieses Ergebnis. Der Gesprächspartner Schroll (2007) spricht auch von einer möglichen Verbesserung in der Personalauswahl, da die Schaffung von sogenanntem Metawissen, „also zu wissen, wer was weiß und wie Strukturen unterhalb der offiziellen Organigramm-Schicht tatsächlich sind", einen positiven Einfluss nehmen kann. Zur Beschleunigung des internen Informationsflusses trägt die Übersichtlichkeit der Anwendung ebenso bei, wie zur Verbesserung von Arbeitsprozessen, da der Austausch und die Beschaffung von Informationen durch den Netzwerkeffekt erleichtert wird. Dies führt wiederum zu einer Steigerung der Produktivität. Die Vorteile bauen daher großteils auf einander auf und bieten erst durch ihr Zusammenwirken einen entscheidenden Vorsprung für das Unternehmen.

4.2.4 Auswirkung auf die Unternehmenskommunikation

Social Software und somit auch Social Bookmarking initiieren und unterstützen Kommunikationsprozesse im Unternehmen. Die geschaffene Möglichkeit dieses zusätzlichen Informationskanals wirkt sich laut Experten und Anbieter eher positiv aus (siehe Abbildung 20).

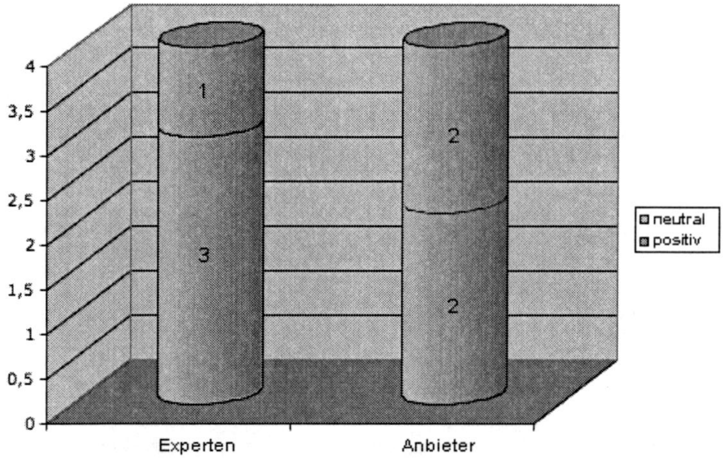

Abbildung 20: Auswirkungen auf die Unternehmenskommunikation

3 von 8 Interviewpartnern sind der Meinung, dass die Entstehung einer Folksonomy die Unternehmenskommunikation nicht beeinflusst, da es ein zu schwaches „Signal" sei und es außerdem noch keine ausreichenden Erfahrungswerte gibt. Die Befürworter hingegen sprechen von einer Reduktion des Mail-Verkehrs, dem Erhalt der kommunikativen Energie, von alternativen Wegen um mit Kollegen in Kontakt zu treten und neuen „Objekten" über die man sich unterhalten kann. In weiterer Folge entsteht daraus soziales Kapital und der Nutzen potenziert sich durch den Netzwerkeffekt. Als förderlich für die Unternehmenskommunikation wird die Ausweitung des Tagging auf Prozesse, Mitarbeiter, Dokumente und Situationen gesehen.

4.2.5 Schwierigkeiten und Fallstricke

Entscheidet sich ein Unternehmen für eine Social Bookmarking Lösung oder für eine integrierte Gesamtlösung, sieht es sich, laut Meinung der Befragten, einem oder mehreren der folgenden Probleme gegenüber:

- Fehlende soziale und unternehmenskulturelle Sensibilität
- Ablehnung oder Desinteresse gegenüber der Anwendung
- Komplexität und Verzahnung der Installation (trifft nicht auf die „On Demand" Lösung zu)
- Fehlen der kritischen Masse und eines Anfangsbestandes an Bookmarks im Unternehmen.

Ein Einführungskonzept seitens der Anbieter und Unterstützung durch das Unternehmensmanagement ist daher unumgänglich. Wissensmanagementsysteme haben immer wieder mit solchen und ähnlichen Problemen zu kämpfen, meint Bona (2007) im Interview und behauptet weiters, dass dies „die Firma nur mit einer geeigneten Strategie kompensieren" kann, „indem sie darauf hinarbeitet, dass Leute motiviert sind ihr Wissen herauszustellen". Die Skepsis der Firmen hängt darüber hinaus mit den getätigten Investitionen in Wissensmanagementlösungen in den 80er und 90er Jahren zusammen, welche für viele Unternehmen keinen ersichtlichen Benefit gebracht haben. Erste Priorität für die Akzeptanz von Social Bookmarking im Unternehmen hat laut Burg (2007), „der Fokus auf den Nutzen“, welcher vorrangig auf der individuellen Ebene erkennbar sein muss. Diese persönliche Perspektive, aus der Social Software betrachtet wird, steht eigentlich im Widerspruch zum Begriff „social“. Dieser unsoziale Aspekt wird auch von Schuster (2007) im Interview mit den Worten „personal value precedes network value“ aufgegriffen. Der Community-Gedanke und das Interesse der Organisation werden hinter den persönlichen Vorteil des Einzelnen gestellt. Um zu vermeiden, dass laut Bona (2007) „der Benefit der Firma, der gefühlte Verlust der Mitarbeiter“ ist, befürwortet er im Interview, dass im Vorfeld einer Social Bookmarking Implementierung auf das soziale und unternehmenskulturelle Gefüge des jeweiligen Unternehmens geachtet wird, da für die Akzeptanz offene und auf Vertrauen basierende Strukturen notwendig sind. Ängste, gerade des mittleren Managements (Abteilungsleiterebene), vor Kompetenzverlust, können zum Desinteresse und zur Ablehnung gegenüber der Anwendung führen. Die Identifizierung von Wissen und Wissensträgern ist aber gerade eines der stärksten Argumente für den Einsatz von Social Bookmarking im Unternehmen. „Man entdeckt plötzlich jemanden der bisher im Schatten stand und stellt fest, dass der ja viel kompetenter ist als man gedacht hat“ gibt Schroll (2007) im Interview zu bedenken. Eine Maßnahme zur Erhöhung der Akzeptanz und intensiveren Partizipation stellt ein geeignetes Belohnungsprogramm dar. Eine weitere, ebenfalls psychologisch motivierte Gefahr, liegt in der Sorge vor dem Verlust des Wissensvorsprunges gegenüber Kollegen und in weiterer Folge vor dem Verlust des Arbeitsplatzes begründet. Der Befragte Bona (2007) ist der Meinung, dass „in Zeiten, in denen Information ein entscheidender Wettbewerbsvorteil ist, kein Mensch bereitwillig Informationen weitergeben wird“. Es gilt daher, eine Atmosphäre zu schaffen in der Social Bookmarking nicht als Bedrohung, sondern als unterstützende Funktion von firmeninternen Prozessen gesehen wird.

Ebenfalls problematisch, für die erfolgreiche Implementierung einer Social Bookmarking Lösung im Unternehmen, können die jeweiligen IT-Strukturen sein, auf deren Komplexität bereits im Kapitel 2.2.4 hingewiesen wurde. Der Interviewte Röll (2007) hält daher die Einführung für „nichts Triviales“ und meint, dass die Verzahnung mit anderen Techniken äußerst aufwendig ist. Ein wichtiger Gesichtspunkt ist hierbei auch die Datensicherheit. Die Schaffung von geeigneten Rahmenbedingungen, um Wissen aus dem WWW mit Unternehmensdaten innerhalb einer Organisation zu verbinden, ist auch laut dem Gesprächspartner Burg (2007) nicht unproblematisch. Es entsteht eine neue Wissensinsel, sozusagen ein „del.icio.us im Kleinen“, welcher „eine Membran schafft, die semipermeabel ist, und die mir die Sicherheit innerhalb der Organisation gibt“, führt Burg (2007) weiter aus. Hier offenbart sich auch ein philosophischer Unterschied in Bezug auf die Nutzung von Web 2.0 Technologien, da Unternehmen eine gewisse Asymmetrie schaffen, indem sie kollektives Wissen von „außen“ nutzen, aber ihr generiertes Wissen nicht zur Verfügung stellen.

Als nächster kritischer Punkt für die Einführung von Social Bookmarking im Unternehmen, wird von den Befragten das Fehlen einer kritischen Masse sowie eines Anfangsbestandes an Bookmarks angemerkt. Da auch der Interviewpartner Fricko (2007) den ausgeprägtesten Nutzen sieht, „je größer die Community ist“. Ein Pilotprojekt wird als gute Voraussetzung gesehen diesen Schwierigkeiten erfolgreich entgegenzuwirken. Zusätzlich kann durch entsprechende Marketingmaßnahmen und ein durch „Beta-Tester“ geschaffenen Anfangsbestand an Lesezeichen im System, ein besserer Start erfolgen. Auch das „Mitnehmen“ von privaten Bookmark-Beständen würde dabei hilfreich sein. Damit „Starter“ nicht dauerhaft dominant und „Nachzügler“ nicht eingeschüchtert sind, wäre eine Art „Social Bookmarking Management“ von Vorteil. Als unwahrscheinlich aber dennoch als ein möglicher Verbreitungsansatz wird die Graswurzelbewegung[63] genannt, bei der „man darauf hofft, dass es innerhalb der Firma einen viralen Effekt gibt [...] und sich Social Bookmarking in der gesamten Firma wie ein Lauffeuer ausbreitet, weil die Leute total begeistert davon sind“ erklärt der

[63] auch als Grass Roots Movement bezeichnet

Interviewte Bona (2007) dieses Phänomen. Ist sich ein Unternehmen auch all diesen Schwierigkeiten und Hürden bewusst, benötigt es doch eine umfassende Planung und ausreichende Einführungszeit um das Werkzeug einer sinnvollen Unternehmensnutzung zuzuführen.

4.2.6 Mögliche Einsatzgebiete

Aus den Befragungen haben sich 5 Haupteinsatzgebiete herauskristallisiert, welche sich in forschungsintensive, dynamische, geografisch entfernte, wissensintensive und nicht streng hierarchische Bereiche unterteilen lassen. Die angeführten Beispiele (siehe Tabelle 4) überschneiden sich teilweise genauso wie die Einsatzgebiete selbst, da ein Unternehmen in der Pharmabranche sowohl einem forschungsintensiven als auch einem geografisch entfernten Betätigungsfeld unterliegen kann.

Generelles Einsatzgebiet	Beispiele
forschungsintensive Betätigungsfelder	Pharmaunternehmen, Universitäten, Forschungs- und Entwicklungsabteilungen diverser Branchen
dynamische Betätigungsfelder	Entertainment, Zukunftsforschung, Trendbeobachtungen, Telekommunikation, Informationstechnologie
geografisch entfernte Betätigungsfelder	zutreffend auf alle international tätigen Unternehmen wie z.B. Honeywell, aber auch bei national verteilten Standorten
wissensintensive Betätigungsfelder	Bibliotheken, Unternehmensberatungen, Universitäten
nicht streng hierarchische Betätigungsfelder	Multimedia, Agenturen, Bibliotheken, Einkauf, Verlagshäuser und Redaktionen

Tabelle 4: Einsatzgebiete von Social Bookmarking

Nicht selten sind Spezialisten oder Teams eines Unternehmens über mehrere Standorte oder Länder verteilt. Die fortschreitende Globalisierung verstärkt die Dezentralisierung und macht den Einsatz einer Social Bookmarking Anwendung daher für das geografisch entfernte Einsatzgebiet besonders interessant. Aber auch in wissensintensiven Bereichen können unnötige Doppelrecherchen vermieden und „Bauchentscheidungen“ ebenfalls in Ideen- und Strategiefindungsprozesse mit einfließen. Der Link eines Anbieters (für z.B. T-Shirt Aufdrucke) wird einfach im System gespeichert, wenn der Mitarbeiter einen positiven Eindruck von ihm gewonnen hat. Diese persönlichen Erfahrungswerte können durch den Bottom-Up-Ansatz leichter in den Wissenspool der Organisation mit aufgenommen werden, und so einen zusätzlichen Aspekt zu klar definierten Kennzahlensystemen liefern. Besonders großen Bedarf sehen die Interviewten bei Informationen mit geringen Halbwertszeiten wie z.B. im Entertainment-Bereich. Hier sind laut dem Interviewpartner Fricko (2007) Informationen, wie z.B. die neue Frisur von David Beckham, nur kurze Zeit relevant. Ein gemeinschaftlicher Pool an verschlagworteten Favoriten ist auch bei Überschneidungen von Arbeitsgebieten, gemeinsamen Interessen und bei unscharfen, nicht klar gegliederten Themengebieten zweckmäßig.

Zusammenfassung:

Es kann festgehalten werden, dass Social Bookmarking ein beträchtliches Zukunftspotenzial innerhalb einer Organisation hat, welches auf eine Vielzahl von Branchen zutrifft und im Kapitel 4 ausführliche Betrachtung fand. Die Beeinflussung der Unternehmenskommunikation stellt sich positiv dar, kann durch fehlende Erfahrungswerte allerdings nicht exakt beurteilt werden. Eine detaillierte Analyse des unternehmenskulturellen Leitbildes und der firmeninternen Organisationsstrukturen ist für eine erfolgreiche Einführung unabdingbar.

5 Conclusio und Ausblick

In diesem Buch wurden die Auswirkungen und Einsatzmöglichkeiten von Social Bookmarking im Unternehmenskontext analysiert. Leser erhalten einen umfassenden Über- und Einblick in die aktuellen Entwicklungen am Social Bookmarking Sektor. Für Social Bookmarking Anbieter werden wichtige Eckdaten, wie die Aufstellung der verschiedenen Unternehmenslösungen, identifizierten Geschäftsmodelle, mögliche Auswirkungen sowie die Einschätzung der Marktsituation durch Experten, zur Strategiefindung zusammengeführt. Vorteile und Schwierigkeiten, welche speziell für Unternehmen interessant sind, die sich mit dem Gedanken einer Corporate Bookmarking Implementierung befassen, werden eingehend beleuchtet. Generell wird die Möglichkeit aufgezeigt, dass Social Bookmarking, über den privaten Nutzungsbereich hinaus, auch im Unternehmen auf verschiedene Arten sinnvoll zum Einsatz kommen kann.

Die Hauptaussage: Social Software findet ihren Weg ins Unternehmen, dies wird aber speziell bei Social Bookmarking noch dauern, obwohl Tagging, die zentrale Funktion dieser Anwendung, zu einer der wichtigsten Web 2.0 Technologien zählt. Grund der Bedeutung sind die vielfältigen Anwendungsgebiete und -möglichkeiten, welche Tagging beinhaltet. Darüber hinaus stellen die intuitive Benutzerführung sowie der geringe Zeitaufwand für die Speicherung eines Lesezeichens einen hohen Motivationsfaktor dar. In Summe ergibt dies einen geeigneten Einstiegspunkt in das Social Software Umfeld. Dennoch ist die Anwendung im Moment nicht weit verbreitet. Ein ausschlaggebender Grund der Verzögerung ist das Angebot. Zur Zeit steht dem deutschsprachigen Markt keine unternehmensspezifische Social Bookmarking Software zur Verfügung. Es gibt zwar eine hohe Anzahl an Betreibern einer öffentlichen Social Bookmarking Plattform und im WWW wird fleißig gebloggt, Networking betrieben und teilweise schon getaggt, doch die Übertragung, dieser „schlanken", meist einzeln funktionierenden Werkzeuge, ins Unternehmen stellt sich schwierig dar, obwohl aus technischer Sicht keine innovativen Neuerungen dahinter stehen. Unterschiedliche Lösungsansätze für Corporate Bookmarking werden gerade entwickelt. Die viel versprechendste Variante ist nicht die Stand-Alone-Version, sondern die anwendungsübergreifende Gesamtlösung, obwohl es hierfür erst in wenigen Monaten ein käuflich zu erwerbendes Produkt geben wird. Überraschend war, dass der Zuspruch zur Gesamtlösung nicht nur von Social Software Experten, sondern auch von Social Bookmarking Anbietern kam, deren Geschäftsmodelle in erster Linie auf Social Bookmarking ausgerichtet sind und weniger auf die Integration der gängigen Anwendungen und Dienste in eine einheitliche Oberfläche mit einem einzigen Zugang. Geht der Blick über die Grenze eines Unternehmens hinaus, ist das Prinzip der Gesamtlösung für Social Bookmarking ebenfalls zu erkennen. In den meisten Fällen wird im Web nicht mehr nur ein Blog geschrieben, sondern in einer Seitenspalte dieser Webseite die Fotos des eignen Flickr Accounts mit eingebunden sowie die zuletzt gespeicherten Bookmarks angezeigt und die Artikel als RSS-Feeds angeboten. Hier kommt das Baukastensystem des Web 2.0 Konzeptes, aus dem sich jeder frei bedienen kann, zum Tragen. Die im „öffentlichen Raum" zusammengebauten Anwendungen kommen auch im Unternehmenskontext am vorteilhaftesten als Komplettversion zum Einsatz.

Der Software-Produzent IBM, welcher zukünftig eine Gesamtlösung anbieten wird, sieht sich demnach einer komplexen Produktentwicklung gegenüber. Erhöhte Anforderungen treten im Unternehmensbereich aufgrund der technischen Rahmenbedingungen und des kollaborativen Arbeitumfeldes auf. Authentifizierung oder Datensicherheit sind hingegen auf öffentlichen Bookmarking Plattformen kein vorrangiges Thema. Um die unternehmensspezifischen Standards und die Anbindung an bestehende IT zu gewährleisten, wird das IBM Werkzeug Dogear schon seit 2005 entwickelt und getestet. Natürlich kommt mit dem geplanten Launch, in der 2. Jahreshälfte 2007, ein ausgereiftes Produkt auf den Markt, welches von Beta-Testern und Kunden bereits mit Spannung erwartet wird.

Auch Anbieter aus dem Endconsumer-Bereich wie alltagz und Mister Wong sind dabei Lösungen für den Unternehmensbedarf zu entwickeln, um den Firmen relevante Ergebnisse aus der Kompetenz all ihrer Mitarbeiter zu liefern. Die Größenordnung ist aber eine andere. Es handelt sich hier um die Konzipierung individueller Kundenlösungen und nicht um die Erstellung eines Produktes. Erst nach vorliegenden Erfahrungswerten wäre dies ein möglicher zweiter Schritt. Einzig in den USA gibt es einen großen Referenzkunden, welcher das Connectbeam Produkt „Appliance" nach ersten Erkenntnissen erfolgreich einsetzt. Die Intention der Anbieter umfasst ein breites Spektrum, welches aber noch nicht letztgültig definiert ist, da der Markt für Corporate Bookmarking sehr jung und vielen Einflüssen unterworfen ist. Im Moment werden verschiedene Geschäftsmodelle auf individueller Kundenbasis entwickelt und getestet. Abgesehen von Unternehmen nutzen zur Zeit nur überdurchschnittlich web-affine User die Vorteile einer Social Bookmarking Anwendung. Vielen Firmen ist das Prinzip des Tagging noch kein Begriff. Zu den Vorläufern und Wegbereitern zählen Unternehmen die bereits eine oder mehrere Arten von Social Software in ihrem Betrieb realisiert haben und über Social Bookmarking nachdenken. Generell kann festgehalten werden, dass großes Potenzial für Corporate Bookmarking vorhanden ist und an der Umsetzung für alle Unternehmensgrößen (von Großunternehmen bis KMU's) gearbeitet wird.

Inwieweit ein Unternehmen jedoch die Möglichkeiten einer Corporate Bookmarking Anwendung nutzen kann, hängt vor allem von der Unternehmenskultur, der Zusammensetzung der Belegschaft und der nahtlosen Verzahnung mit der restlichen Infrastruktur der Organisation ab. Für die Akzeptanz dieses Tools braucht es primär eine Einführungsstrategie. Zusätzlich bedarf es der Schaffung einer Arbeitsumgebung, in der das Vertrauen und Verantwortungsbewusstsein jedes Einzelnen „großgeschrieben" wird, um das emergente Phänomen der kollektiven Intelligenz sinnvoll nutzen zu können. Liegt der Idealfall eines kooperativen Führungsstiles vor, welcher die Bedürfnisse der beteiligten Mitarbeiter mit einbezieht, können negative Auswirkungen weitestgehend reduziert bis ganz vermieden werden. Trotzdem müssen bei der Einführung mögliche Schwierigkeiten in die Überlegung und Planung mit einbezogen werden. Entsprechende Maßnahmen und vorausschauendes Verhalten bei der Realisierung einer Social Bookmarking Lösung können, die im Vorfeld identifizierten Probleme und Hürden, vermindern.

Die Anwendung beinhaltet ein breit gefächertes Spektrum an Möglichkeiten für Unternehmen in den unterschiedlichsten Branchen. Vorrangig in dynamischen Bereichen, in denen die unkomplizierte und intuitive Erreichbarkeit von Informationen einen entscheidenden Wettbewerbsvorteil darstellt. Wo Menschen in Gruppen zusammenarbeiten oder gleiche Interessen teilen, ist die Entstehung einer Folksonomy immer von Vorteil. Im Firmenbereich ist der Nutzen höher, da bereits definitionsgemäße Communitys (Filialen, Abteilungen oder Projekte) vorliegen. Social Bookmarking ist ein Weg Wissensträger und Informationen zu identifizieren und zusammenzuführen. Es schlägt sozusagen die Brücke zwischen all den Anwendungen im Arbeitsalltag und trägt, gestützt auf ein entsprechendes unternehmenskulturelles Leitbild, entscheidend zum Erfolg einer Organisation bei.

Social Bookmarking kann einen positiven Effekt auf die Unternehmenskommunikation haben. Vorrausetzung dafür ist aber, dass der User-Kreis innerhalb einer Organisation so groß und weit gefasst wie möglich ist, da sich der Nutzen einer Social Bookmarking Applikation über die Masse der Beteiligten definiert. Das Erzielen hochwertiger Suchergebnisse sowie die Generierung von neuen interessanten Aspekten zu einem Thema würden die Annahme der Anwendung im Arbeitsalltag weiter fördern und eventuell zu einer Graswurzelbewegung im Unternehmen führen. Bei allem Enthusiasmus bleibt jedoch auch festzuhalten, dass der Einfluss von Social Bookmarking eine Frage der Zeit und Akzeptanz ist.

Social Bookmarking ist ein Thema von hoher Aktualität, welches von immer mehr privaten Usern genutzt wird, in den Unternehmen aber noch nicht Fuß fassen konnte. Daten oder Anwendungsfälle in Bezug auf einen firmenspezifischen Einsatz liegen für den deutschsprachigen Raum demnach nicht vor. Das „Für und Wider“ wird von soziokulturellen Argumenten dominiert und ist erst in weiterer Folge aus technischer Sicht zu betrachtet. Es stellt sich die Frage: ob Social Software in Zukunft nach Weblogs, Wikis oder eben Social Bookmarking unterschieden werden kann, oder ob die Information als solche in den Mittelpunkt rückt und Mitarbeiter ihre Mails, Lesezeichen, Blog-Beiträge oder Aktivitäten in integrierten Wissenslandschaften verwalten und organisieren. Erst im zweiten Schritt, wenn überhaupt, ist die Anwendung dahinter sichtbar. Einen weiteren Diskussionspunkt verkörpert das Spannungsfeld zwischen Offenheit im WWW und die damit einhergehende Beschneidung der Privatsphäre. Wird der Boom anhalten und die Nutzenden von Social Software weiterhin ihre Daten, Interessen, Netzwerke, Vorsätze und Lesezeichen frei zugängig machen? Auch die virtuelle Welt „Second Life[64]" bedient sich bereits der Tagging-Mechanismen[65], um Orte und Avatare zu beschlagworten und zu bewerten. Einen schnellen Zugang zu ihren beliebten Plätzen und Freunden sollen „Spieler" auf diese Weise erhalten. Der Einsatz von Tagging in der virtuellen Welt wirft die Frage auf, ob die Anwendungsgrenzen, nicht nur zwischen den Social Software Arten der Realenwelt unsichtbar werden, sondern in Zukunft auch die virtuelle Welt mit eingeschlossen wird. Können Social Bookmarking Nutzer ihre Bestände an Favoriten bald zwischen den Welten synchronisieren?

---

[64] http://www.secondlife.com/

[65] Beispiele: http://www.sloog.org/ und http://www.gridmarker.com/

6 Literaturverzeichnis

Alby, T. (2006). Web 2.0. Konzepte, Anwendungen, Technologien. München Wien: Hanser.

Allen, C. (2004). Tracing the Evolution of Social Software. Retrieved Februar 23, 2007, from http://www.lifewithalacrity.com/2004/10/tracing_the_evo.html

Atteslander, P. (2003). Methoden der empirischen Sozialforschung. 10., neu bearbeitete und erweiterte Auflage. Berlin: Walter de Gruyter.

ARD/ZDF. (2006). Online-Studie 2006. Retrieved November 26, 2006, from http://www.daserste.de/service/studie.asp

Avram, G. (2006). At the Crossroads of Knowledge Management and Social Software. The Electronic Journal of Knowledge Management, 4 (1), 1–10.

Bächle, M. (2006a). Social Bookmarking. Retrieved November 27, 2006, from http://beat.doebe.li/bibliothek/w01899.html

Bächle, M. (2006b). Social Software. Retrieved Februar 26, 2007, from http://www.gi-ev.de/index.php?tx_ttnews%5Btt_news%5D=132&cHash=16bc788d8d&id=647&type=98

Bächle, M. (2006c). Social Software - Wieder eine IT-Mode?. Retrieved April 6, 2007, from http://www1.ba-ravensburg.de/fileadmin/studiengaenge/Wirtschaft/wi/prof/baem/2006Telekom.pdf

Boyd, S. (2006). Are you ready for Social Software?. Retrieved Februar 19, 2007, from http://www.stoweboyd.com/message/2006/10/are_you_ready_f.html

Braly, D. M., **Froh**, B. G. (2006). Social bookmarking in the enterprise. Retrieved Februar 19, 2007, from www.ischool.washington.edu/msim/capstone/2006/TaggingFrohBraly.pdf

Berners-Lee, T. (1999). Der Web-Report. Der Schöpfer des World Wide Webs über das grenzenlose Potential des Internet. München: Econ.

Berners-Lee, T., **Hendler**, J., **Lassila**, O. (2001). The Semantic Web. Scientific American, 284 (5), 28–37.

Bertram, J. (2005). Einführung in die inhaltliche Erschließung. Grundlagen – Methoden – Instrumente. Würzburg: Ergon Verlag.

Bundesverband Digitale Wirtschaft. (2006). Web 2.0-Anwendungen lösen Ursprungsversprechen des Internets ein. Partizipation und Glaubwürdigkeit sind Schlüssel zum Erfolg. Retrieved März 30, 2007, from http://www.bvdw.org/uploads/media/2300_001_pm_web2_0_jr.pdf

Burg, N. T., **Pircher**, R. (2006). Social Software im Unternehmen. Wissensmanagement, 8 (3), 27–29.

Bush, V. (1945). As We May Think. Retrieved April 7, 2007, from http://www.ps.uni-sb.de/~duchier/pub/vbush/vbush6.shtml

Damianos, L., **Griffith**, J., **Cuomo**, D. (2006). Onomi: Social Bookmarking on a Corporate Intranet. Retrieved März 12, 2007, from http://www.mitre.org/work/tech_papers/tech_papers_06/06_0352/06_0352.pdf

del.icio.us. (2007a). Retrieved März 29, 2007, from http://del.icio.us/dagi_n

del.icio.us. (2007b). Retrieved April 10, 2007, from http://del.icio.us/tag/

Educause Learning Initiative. (2005). 7 things you should know about... Social Bookmarking. Retrieved Jänner 13, 2007, from http://www.educause.edu/ir/library/pdf/ELI7001.pdf

e-teaching.org. (2006). Informelles Lernen. Retrieved April 6, 2007, from http://www.e-teaching.org/didaktik/theorie/informelleslernen/Informelles_Lernen_Langtext.pdf

Gupta, P. (2007). Connectbeam at Honeywell. Retrieved April 12, 2007, from http://connectbeam.typepad.com/blog/2007/02/connectbeam_at_.html

Flick, U. (2006). Qualitative Evaluationsforschung. Konzepte – Methoden – Umsetzung. Reinbek bei Hamburg: Rowohlt Taschenbuch Verlag.

Friedrichs, J. (1973). Methoden empirischer Sozialforschung. Reinbek bei Hamburg: Rowohlt Taschenbuch Verlag.

Gerick, T. (2006, Juli 12). Vom Web 2.0 zu Enterprise 2.0. PC Welt. Retrieved Februar 8, 2007, from http://www.pcwelt.de/know-how/business/578684/index.html

Gilroy, K., **Ives**, B. (2006). Preparing for Intranet 2.0: how to integrate new communication technology into your intranet. Retrieved Februar 19, 2007, from http://www.ottergroup.com/Transforming%20your%20intranet%20Chap.5%20edit%20(2).pdf

Golder, A. S., **Huberman**, A. B. (2006). Usage patterns of collaborative tagging systems. Journal of Information Science, 32 (2), 198–208.

Green, H., **Hof**, D. R.. (2005, April 11). Picking Up Where Search Leaves Off. Businessweek Online. Retrieved Dezember 10, 2006, from http://www.businessweek.com/magazine/content/05_15/b3928112_mz063.htm

Hirsch, S. (2005). Del.icio.us vollständige Tool Übersicht - Teil 1. Retrieved März 22, 2007 from http://www.rss-blogger.de/b2e/blogs/index.php/new/2005/03/21/del_icio_us_vollstandige_tool_ubersicht__1

hoco. (2006, August 23). Kontrolle ist ein Hindernis. Thomas Burg über Social Software als Herausforderung für Organisationen. Der Standard. Retrieved Februar 14, 2007, from http://economyaustria.at/Text/?id=2560706

Hoeg, R. (2007, März 30). Tagging Inside the Firewall. Retrieved April 12, 2007, from http://econtent.typepad.com/econtent/2007/03/tagging_inside_.html

Holz, P. (2006). Was ist Web 2.0?. Designvorlagen und Geschäftsmodelle für eine neue Software-Generation. Retrieved November 27, 2006, from http://twozero.uni-koeln.de/content/e14/e68/index_ger.html

Honeywell. (2007). Retrieved April 12, 2007, from http://www.honeywell.com/sites/honeywell/bkgdmaterialsn3_cat1b754a4-fb53b9a28d-3e3e4447ab3472a0c2a5e5fdc1e6517d_HTM1ec3d95-fb58148a60-3e3e4447ab3472a0c2a5e5fdc1e6517d.htm

Hoschka, P. (1998). Der Computer als soziales Medium. GMD-Spiegel, 28 (3/4), 16–19.

IBM Österreich Internationale Büromaschinen Gesellschaft m.b.H. (2007a). Retrieved März 29, 2007, from https://greenhouse.lotus.com/login/index.jsp

IBM Österreich Internationale Büromaschinen Gesellschaft m.b.H. (2007b). Retrieved März 29, 2007, from https://greenhouse.lotus.com/dogear/html?page=2

IBM Österreich Internationale Büromaschinen Gesellschaft m.b.H. (2007c). Retrieved März 30, 2007, from https://greenhouse.lotus.com/dogear/tools

IBM Österreich Internationale Büromaschinen Gesellschaft m.b.H. (2007d). Retrieved April 12, 2007, from https://greenhouse.lotus.com/dogear/html

Johnson-Lenz, P., **Johnson-Lenz**, T. (1978). Groupware: Coining and Defining It. Retrieved April 7, 2007, from http://www.awakentech.com/at/Awaken.nsf/d4cbbb795713bdee882564640074729d/0530daecb494886c882564650065e418!OpenDocument

Kaser, O., **Lemire**, D. (2007). Tag Cloud Drawing: Algorithms for Cloud Visualization. Retrieved April 12, 2007, from http://arxiv.org/pdf/cs/0703109

Kirkpatrick, M. (2006, Juni 28). ConnectBeam aims to bring social bookmarking to the enterprise. TechCrunch. Retrieved April 12, 2007, from http://www.techcrunch.com/2006/06/28/connectbeam-aims-to-bring-social-bookmarking-to-the-enterprise/

Lamnek, S. (2005). Qualitative Sozialforschung. 4. Auflage. Weinheim Basel: Beltz Psychologie Verlags Union.

Lange, C. (2006). Web 2.0 zum Mitmachen. Die beliebtesten Anwendungen. Köln: O'Reilly Verlag GmbH & Co. KG.

Licklider, J. C. R., **Taylor**, R. W. (1968). The Computer as a Communication Device. Retrieved April 7, 2007, from ftp://gatekeeper.research.compaq.com/pub/DEC/SRC/research-reports/SRC-061.pdf

Lüke, F. (2007, Februar 6). Lesen und teilen. Zeit Online. Retrieved Februar 24, 2007, from http://www.zeit.de/online/2007/06/social-bookmarking

Maindok, H. (1996). Professionelle Interviewführung in der Sozialforschung. Interviewtraining: Bedarf, Stand und Perspektiven. Pfaffenweiler: Centaurus-Verlagsgesellschaft.

Marlow, C., **Naaman**, M., **Boyd**, D., **Davis**, M. (2006). Position Paper, Tagging, Taxonomy, Flickr, Article, ToRead. Retrieved November 27, 2006, from www.rawsugar.com/www2006/29.pdf

Mashup Feed. (2007). Retrieved März 11, 2007, from http://www.mashupfeed.com/

Mathes, A. (2004). Folksonomies – Cooperative Classification and Communication Through Shared Metadata. Retrieved November 27, 2006, from www.adammathes.com/academic/computer-mediated-communication/folksonomies.html

McAfee, A. (2007). Who Says Mainstream Companies Don't Get It?. Retrieved April 12, 2007, from http://blog.hbs.edu/faculty/amcafee/index.php/faculty_amcafee_v3/who_says_mainstream_companies_dont_get_it/

Millen, D., **Feinberg**, J., **Kerr**, B. (2005). Social Bookmarking in the Enterprise. Retrieved März 10, 2007, from http://www.research.ibm.com/jam/601/p28-millen.pdf

Mister Wong. (2007a, Jänner 19). Willkommen Taggle!. Retrieved März 19, 2007, from http://www.mister-wong.de/blog/willkommen-taggle/2007/01/19/

Mister Wong. (2007b). Retrieved März 20, 2007, from http://www.mister-wong.de/help/bookmarks/#insert

Mister Wong. (2007c). Retrieved März 29, 2007, from http://www.mister-wong.de/tags/web2.0/

Morvielle, P., **Rosenfeld**, L. (2007). Information Architecture for the World Wide Web. 3. Auflage. USA: O'Reilly Media.

Netcraft. (2006). November 2006 Web Server Survey. Retrieved November 27, 2006, from http://news.netcraft.com/archives/2006/11/01/november_2006_web_server_survey.html

O'Reilly, T. (2006, Dezember 10). Web 2.0 Compact Definition: Trying Again. Retrieved Februar 19, 2007, from http://radar.oreilly.com/archives/2006/12/web_20_compact.html

O'Reilly, T. (2005, September 30). What is Web 2.0. Design Patterns and Business Models for the Next Generation of Software. Retrieved Februar 19, 2007, from http://www.oreillynet.com/pub/a/oreilly/tim/news/2005/09/30/what-is-web-20.html?page=1

PC Magazin. (2007, Jänner 23). Web-2.0-Social-Software erreicht die Unternehmenslandschaft. PC Magazin. Retrieved Februar 26, 2007, from http://www.pc-magazin.de/common/nws/einemeldung.php?id=50088

Rainie, L. (2007, Jänner 31). Interview: Author David Weinberger Describes How Tagging Changes People's Relationship to Information and Each Other. Retrieved Februar 19, 2007, from http://www.pewinternet.org/pdfs/PIP_Tagging.pdf

Rappold, D. (2006). Web 2.0 auf dem Vormarsch. Retrieved Februar 28, 2007, from http://www.knallgrau.at/press/clippings/files/report-02_06.pdf

Quittner, J. (2006, Dezember 16). Web Boom 2.0. Dotcoms are hot again. But this bubble is different from the last one. Here's how. Time Magazin. Retrieved April 4, 2007, from http://www.time.com/time/magazine/article/0,9171,1570705,00.html

Pellegrini, T., **Blumauer**, A. (2006) (Hrsg.). Semantic Web. Wege zur vernetzten Wissensgesellschaft. Berlin Heidelberg: Springer.

Perez, J. C. (2005, November 11). Del.icio.us: Social bookmarking phenomenon. PC World. Retrieved März 17, 2007, from http://www.pcworld.idg.com.au/index.php/id;1167981502;fp;2;fpid;1

Richter, A. **Koch**, M. (2007). Social Software – Status quo und Zukunft. Retrieved März 1, 2007, from https://www.unibw.de/wow5_3/forschung/social_software/socialsoftwareficb07

Roth, W. (2006, September 3). Web 2.0 ist nutzloses Blabla, das niemand erklären kann. Tim Berners-Lee zum Hype des „neuen Web“. Heise Online. Retrieved Februar 28, 2007, from http://www.heise.de/tp/r4/artikel/23/23472/1.html

Rox, T. (2007, Jänner 17). Social bookmarking auf Deutsch – Fortsetzung. Retrieved März 19, 2007, from http://www.roxomatic.de/1183/

Saveri, C., **Rheingold**, H., **Vian**, K. (2005). Technologies of Cooperation. Retrieved Februar 16, 2007, from http://www.rheingold.com/cooperation/Technology_of_cooperation.pdf

Schiller Garcia, J. (2007). Enterprise 2.0. Web 2.0 im Unternehmen. Saarbrücken: VDM Verlag Dr. Müller

Schmitz, C., **Hotho**, A., **Jäschke**, R., **Stumme**, G. (2006). Kollaboratives Wissensmanagement. In: Pellegrini, T., Blumauer, A. (Hrsg.), Semantic Web. Wege zur vernetzten Wissensgesellschaft (273–289). Berlin Heidelberg: Springer.

Schroll, W., **Rodenhäuser**, B., **Neef**, A. (2007). Mash up your business!. Web 2.0 Report. Retrieved Februar 18, from http://web2.0report.de/spot

Schuster, M., **Rappold**, D. (2006). Social Semantic Software – was soziale Dynamik im Semantic Web auslöst. In: Pellegrini, T., Blumauer, A. (Hrsg.), Semantic Web. Wege zur vernetzten Wissensgesellschaft (189–199). Berlin Heidelberg: Springer.

Shirky, C. (2003). A Group Is Its Own Worst Enemy. Retrieved Februar 19, 2007, from http://www.shirky.com/writings/group_enemy.html

Smolnik, S., **Riempp**, G. (2006a). Nutzenpotenziale, Erfolgsfaktoren und Leistungsindikatoren von Social Software für das organisationale Wissensmanagement. In: Hildebrand, K., Hofmann, J. (Hrsg.), Social Software (17–26). HMD Praxis der Wirtschaftsinformatik, Heft 252, Heidelberg: dpunkt.verlag.

Smolnik, S., (2006b). Wissensmanagement mit Topic Maps in kollaborativen Umgebungen – Identifikation, Explikation und Visualisierung von semantischenNetzwerken in organisationalen Gedächtnissen. Aachen: Shaker Verlag.

Sommergut, W. (2006). Social Software bei der IBM. Retrieved März 12, 2007, from http://sommergut.de/wsommergut/archives/001182.shtml

Stöcker, C. (2006, November 7). Menscheln statt googeln. Spiegel Online. Retrieved Februar 12, 2007, from http://www.spiegel.de/netzwelt/web/0,1518,446749,00.html

Surowiecki, J. (2005). Die Weisheit der vielen. Warum Gruppen klüger sind als Einzelne und wie wir das kollektive Wissen für unser wirtschaftliches, soziales und politisches Handeln nutzen können. München: Bertelsmann Verlag.

Szugat, M., **Gewehr**, J. E., **Lochmann**, C. (2006). Social Software: Blogs, Wikis & Co. Paderborn: entwickler.press.

TagCrowd. (2007). Retrieved April 12, 2007, from http://www.tagcrowd.com/

Terdiman, D. (2005, Februar 1). Folksonomies Tap People Power. Wired. Retrieved April 10, 2007, from http://www.wired.com/science/discoveries/news/2005/02/66456

Vander Wal, T. (2004). Folksonomy. Retrieved März 8, 2007, from http://vanderwal.net/folksonomy.html

Yahoo!. (2007). Retrieved März 18, 2007, from http://images.del.icio.us/static/img/register/ff_3b.png

W3C. (2007). World Wide Web Consortium gibt SOAP Version 1.2 als W3C Proposed Recommendation frei. Retrieved April 29, 2007, from http://www.w3c.de/Press/soap12-pressrelease.html

Wikipedia. (2007a, April 29). Hypertext Markup Language. Retrieved Mai 3, 2007, from http://de.wikipedia.org/wiki/Hypertext_Markup_Language

Wikipedia. (2007b, April 21). Middleware. Retrieved Mai 3, 2007, from http://de.wikipedia.org/wiki/Middleware

7 Interviews

Interview Bona (2007). Michael Bona, Vorstand der skilldeal AG (alltagz), am 26. März 2007

Interview Burg (2007). Thomas N. Burg, Geschäftsführer bei factline, Gründer des Social Software Labs, am 16. März 2007

Interview Clawien (2007). Christian Clawien, Pressesprecher der construktiv GmbH (Mister Wong), am 26. Februar 2007

Interview Gupta (2007). Puneet Gupta, Chief Executive Officer von Connectbeam, Inc., am 5. April 2007

Interview Fricko (2007). Anton Fricko, EMEA Program Manager for jStart Emerging Technologies, IBM GmbH, am 20. April 2007

Interview Rochovansky (2007). Ernst Rochovansky, Certified Lotus Specialist, IBM GmbH, am 4. Mai 2007

Interview Röll (2007). Martin Röll, Unternehmensberater, Social Software & Web 2.0 in Intranet und Unternehmenskommunikation, am 2. März 2007

Interview Schroll (2007). Willi Schroll, Research Analyst bei Z_punkt GmbH (The Foresight Company), am 23. März 2007

Interview Schuster (2007). Michael Schuster, Head of Products and Services, System One Gesellschaft für technologiegestützte Kommunikationsprozesse m.b.H., am 7. März 2007

8 Anhang

Interview-Leitfaden Social Bookmarking

1) Themenblock: Das Unternehmen/Tätigkeitsfeld

1) Wie ist das Unternehmen/Tätigkeit bzw. die Social Bookmarking Anwendung entstanden?
    a) Wer war beteiligt?
    b) Wie aufwendig?
    c) Welcher Zeitraum?

2) Wurden die ursprünglichen Erwartungen erfüllt?
    a) Haben sich diese im Laufe der Zeit verändert?

---

2) Themenblock: Web 2.0 - Social Bookmarking

3) Wie sehen Sie Social Bookmarking im gesamten Web 2.0 Umfeld?

4) Wie würden Sie die Beteiligung am Social Bookmarking im Vergleich zu Weblogs und Wikis beschreiben?

5) In welchen Zusammenhang steht für Sie Tagging und Social Bookmarking?
    a) Wo ist Tagging noch einsetzbar?

6) Wie sieht die technische Umsetzung von Social Bookmarking aus?

7) Wie handhaben Sie Social Bookmarking in Ihrem Unternehmen?

8) Wo sehen Sie das Marktpotenzial im Social Bookmarking?

9) Wie stellt sich im Moment für Sie die Marktsituation von Social Bookmarking Anbietern dar?

---

3) Themenblock: Social Bookmarking im Unternehmen (Corporate Bookmarking)

10) In wieweit ist das Thema Web 2.0 – insbesondere Social Bookmarking – bei Unternehmen angekommen?
    a) Ist Social Bookmarking bereits Bestandteil im Arbeitsalltag?
    b) Welche Unternehmen setzen es ein?

11) Wo liegen die Vorteile für ein Unternehmen?
    a) Was wären die 3 wichtigsten Argumente um ein Unternehmen zu überzeugen Social Bookmarking einzuführen?

12) Wie könnte eine Social Bookmarking Lösung für ein Unternehmen konkret aussehen?
    a) Welche Punkte sind dabei zu berücksichtigen?
    b) Welche Strategie verfolgen Sie?

13) Wie wirkt sich Social Bookmarking auf die Unternehmenskommunikation aus?

14) Mit welchen Schwierigkeiten und Veränderungen hat ein Unternehmen zu rechnen?

15) Welchen Wert hat das Marktpotenzial „Business-Anwendungen“ für Sie?

---

4) Themenblock: Trend - kurze Vorschau

16) Was wird Ihrer Meinung nach in den nächsten Jahren im Social Bookmarking Bereich passieren?
    a) im Hinblick auf Unternehmen?

17) Wie wird das Zusammenspiel von Wikis, Weblogs und Social Bookmarking aussehen?

---

9 Register

Aktualitätshorizont 42

Alltagz 25, 27, 33, 47f., 62

Anbieter (Social Bookmarking) IIIff., 2fff., 23, 25ff., 33f., 47f., 51ff., 55f., 60ff.

Berners-Lee, Tim 7, 9f.

Beziehungsnetzwerk → Netzwerk

Blog → Weblog

Bona, Michael 48, 53, 56ff.

Bookmarks-Sammlung → Lesezeichen-sammlung

Bottom-Up (Ansatz) V, 16, 38, 60

Burg, Thomas N. 1, 11, 47, 51, 57f.

Button (Bookmarking) 29, 30

Clawien, Christian 22, 24, 32f., 48, 50, 53

Community VI, 1, 15ff., 21, 26, 32, 36, 54, 57f., 64

Connectbeam VI, 21, 26, 34, 47ff., 53, 63

Datenbank 32ff.

Del.icio.us 9, 23ff., 28ff., 32, 37, 40, 58

Dogear VIII, 3, 26, 28, 30f., 35, 40ff., 50, 54, 62

Experten III, VI, 22, 47, 48, 53, 55, 61f.

Fachwissen → Wissen

Firmennetzwerk → Networking

Flickr 1, 8f., 11, 37, 62

Folksonomy VI, 8, 17, 37, 43f., 56, 64

Fricko, Anton 48, 50, 53, 58, 60

Geschäftsmodelle III, VI, 50, 52f., 61ff.

Gesprächspartner 18, 21, 32, 34, 38, 45, 47, 50, 53, 55ff., 60

Graswurzelbewegung 58, 64

Gupta, Puneet 18, 21, 34, 48, 53

Honeywell VI, 26, 49, 59

IBM VI, 3, 15, 26ff., 34, 41f, 47, 50, 53, 62

Information(s) Vf., 1, 10, 13, 15, 17, 23f., 26, 35, 38f., 43, 46, 49, 54f., 57, 60 64f.

-angebot 1

-fluss 55

-objekt 36, 43

-ressourcen 9

-sammlung 21

-speicher 44

-system 10

-technologie 59

-überflutung/flut IIIf., 44

-visualisierung → Tag Cloud

-vorsprung 54

Interview IIIff., 3f., 11, 18, 21ff., 32ff., 42, 45f., 48, 50ff., 56ff.

Interviewpartner → Gesprächspartner

LDAB 35, 51

Leitbild (unternehmerisch) III, 11, 48, 60, 64

Lesezeichensammlung V, 20ff., 27, 31f., 44, 49f.

Link-Sammlung → Lesezeichensammlung

Lotus Connections 34f., 50, 53

Mashup 11

Metaweb 44

Mister Wong 22, 24f., 27f., 30, 32, 37, 40, 47f., 62

Networking IIIff., 5, 15, 17f., 26, 31, 37, 51, 54,ff., 61, 65

Netzwerk → Networking

Netzwerkbildung → Networking

Netzwerkgedanke → Networking

Ontologien 17, 44

Open Source 33

O'Reilly 6ff., 10, 36

Organisationsstruktur 1, 38, 48, 60

Organisationsvokabular → Vokabular

Rochovansky, Ernst VIII, 34f.,

Röll, Martin 38, 47, 58

RSS 10, 25, 32, 51, 62

Schroll, Willi 6f., 9ff., 24, 39, 42, 47, 55, 57

Schuster, Michael 18, 21, 36, 39, 44, 48, 57

Schwierigkeiten VI, 56, 58f., 61, 63

Scuttle 25, 33f.

Second Life 65

Semantic Web 5, 44

Skilldeal 33, 48

Social Networking → Networking

Social Software IIIff., 2, 5f., 13ff., 21, 23, 44, 47ff., 55, 57, 61ff.,

Tag(s) 12, 17, 22f., 27ff., 36, 39ff.

-bundle 31

Tag Cloud V, 39ff.

Tagging Vf., 1, 8, 17ff., 22f., 26, 35ff., 41, 43ff., 51f., 56, 61, 63, 65

Taxonomie V, 8, 37, 38, 39

Technologie V, 7, 10ff., 15, 32f., 44, 58, 61

Top-Down (Ansatz) 38, 43

Unternehmen(s) IIIff., 1ff., 11f., 15f., 23f., 26

-kommunikation 2, 47, 55f., 60, 64

-lösung III, 50ff., 61

Vokabular VI, 38, 43f.

Vorteile VI, 2, 12, 54f., 61, 63

Web 1.0 7f., 10

Web 2.0 V, 1, 5ff., 16, 43, 45ff., 58, 61f.

Web 3.0 44

Weblog IIIff., 1, 8, 10ff., 16f., 26f., 30f., 36, 44f., 50f., 61f., 65

Web-Technologie → Technologie

Wiki IIIff., 8, 11, 16f., 43ff., 51, 65

Wikipedia 8, 17

Wissen(s) III, 11, 13, 17, 44, 54, 56ff.,

-austausch 43

-generierung 2, 4, 10, 24, 38, 43f., 53

kollektives Wissen → Wissen

-management VI, 2, 43f., 56

-träger VI, 1, 43, 54, 57, 64

-vorsprung 57

-transfer 11

Xing 17, 19